数字工业园实施细则

中国建筑业协会智能建筑专业委员会
中国自动化学会经济与管理专业委员会　编写

中国建筑工业出版社

图书在版编目（CIP）数据

数字工业园实施细则／中国建筑业协会智能建筑专业委员会，中国自动
化学会经济与管理专业委员会编写. —北京：中国建筑工业出版社，2008
ISBN 978 - 7 - 112 - 10064 - 4

Ⅰ. 数…　Ⅱ. ①中…②中…　Ⅲ. 数字技术 - 应用 - 工业区　Ⅳ. TU243

中国版本图书馆 CIP 数据核字（2008）第 061605 号

本细则从基础网络建设、信息资源管理系统工程、公用事业基础自动
化与信息化平台建设、建筑智能化系统设计与开发和工业园"数字企业"
等几个方面对数字工业园进行了详细的介绍，是原建设部 2004 年立项的
重大软课题《数字城市示范工程技术导则》的子课题。既能指导智能建
筑从业人员把握行业方向，又能帮助入驻数字工业园的企业在数字化建设
方面走在前列。

* * *

责任编辑：张　磊　刘　江
责任设计：张政纲
责任校对：汤小平

数 字 工 业 园 实 施 细 则

中国建筑业协会智能建筑专业委员会
　　　　　　　　　　　　　　　　　　编写
中国自动化学会经济与管理专业委员会

*

中国建筑工业出版社出版、发行（北京西郊百万庄）
各地新华书店、建筑书店经销
北 京 嘉 泰 利 德 公 司 制 版
北京建筑工业印刷厂印刷

*

开本：787×960 毫米　1/16　印张：10¾　字数：208 千字
2008 年 6 月第一版　　2008 年 6 月第一次印刷
印数：1—2000 册　定价：**35.00** 元
ISBN 978 - 7 - 112 - 10064 - 4
（16867）

本书编委会

主 编 单 位：中国建筑业协会智能建筑专业委员会

中国自动化学会经济与管理专业委员会

主要起草人：马正午　黄久松　郭维钧　毛剑瑛　张公忠　王汝琳

查树衡　孙冠兵　金以慧　曲　阳

统 稿 人：马正午　黄久松　郭维钧

前　言

原建设部于 2004 年度正式立项的国家"十五"规划重大软课题《数字城市示范工程技术导则》的子课题《数字工业园实施细则》，在《数字工业园实施细则》编写组历经三年的积极努力工作之下，终于正式完成。

为了加快我国城市数字化建设和数字工业园的建设步伐，促进我国国民经济发展和 GDP 的快速增长，加快我国城市数字工业园的建设走向规范化和标准化，进一步强化我国城市工业园和高新技术产业开发区信息化建设的信息资源整合，从而保证我国城市工业园和高新技术产业开发区的可持续发展，我们在国家"十五"规划重大软课题《数字城市示范工程技术导则》之下，申请列入了子课题——《数字工业园实施细则》，其意义是显而易见的。

在充分调查国内外数字化城市及其数字工业园建设与发展概况的基础上，我们研究了国内外数字化城市及其数字工业园的发展趋势与特征以及数字工业园发展战略后，最终确立了《数字工业园实施细则》的主要内容，即：

（1）总则（数字工业园综述、数字工业园总体目标与规划设计规则、数字工业园开发与建设的关键技术、数字工业园标准与规范及其信息化水平评估）；

（2）数字工业园基础网络建设（园区网络类型与应用、信息网络结构、组成与实施及园区宽带主干网络平台建设）；

（3）数字工业园信息资源管理系统工程（园区信息资源管理系统体系结构、园区信息资源管理系统工程以及以电子政务为核心的园区信息资源管理系统等）；

（4）数字工业园公用事业基础自动化与信息化平台建设（园区公用事业基础自动化与信息化平台、公用事业基础自动化与信息化的 GIS 的软件开发、园区环境监测系统等）；

（5）工业园建筑智能化系统设计与开发（园区智能化系统的建设规划及系统组成、智能建筑控制系统及总线结构以及园区智能化各子系统的开发等）；

（6）工业园数字企业（工业园数字企业概述、数字企业的架构和构建要素、数字企业建设的关键技术等）。

《数字工业园实施细则》项目承担单位是：中国自动化学会经济与管理专业委员会和中国建筑业协会智能建筑专业委员会。

《数字工业园实施细则》的主编由马正午教授担任，参与《数字工业园实施细则》各章执笔编写的人员有：1. 马正午（总则）；2. 张公忠（数字工业园基础网络建设）；3. 查树衡（数字工业园信息资源管理系统工程）；4. 王汝琳、孙冠兵（数字工业园公用事业基础自动化与信息化平台建设）；5. 郭维钧、毛剑瑛（工业园建筑智能化系统设计与开发）；6. 金以慧、曲阳（工业园数字企业）等；另外，黄久松同志等作为项目组负责人全过程参加了《数字工业园实施细则》的组织与编写工作。在此，我们一一表示感谢。

《数字工业园实施细则》项目组

2007 年 3 月 1 日

目　录

1 总 则

1.1 数字工业园综述

1.1.1 "数字城市"概念

为了能说清楚"数字工业园"，我们还得从"数字地球"说起。1998 年 1 月 31 日，美国时任副总统戈尔在加利福尼亚科学中心，首次提出了"数字地球"（或"数字化地球"）的概念。1999 年在中国召开了首次"数字化地球国际会议"，专家们一致认为："数字地球"，是目前飞速发展着的信息技术、网络通信技术、空间技术等现代技术和地球科学相互交融的前沿研究课题。对于"数字地球"，到目前为止尚无明确而统一的定义，但一般认为，必须从系统的观点和信息的观点来理解"数字地球"的概念。

我们通常可以把"数字地球"看作一个复杂的巨系统，即"综合信息系统"，该系统利用互联网络（Internet）技术，将各国的"数字城市"巧妙地联系起来，进行数据与信息传输、数据处理与存储、数据获取与更新、数据分析与优化等。"数字地球"的主要特点是：具有空间性、数字性和整体性；三者融合统一。其服务对象面对全球的一体化经济、各国国民经济建设、生态与环境保护等诸多方面。当我们把"数字地球"看作是一个"综合信息系统"的话，那么"数字城市"就是该综合信息系统中的一个"信息节点"，因此，"数字地球"可以说是建立在"数字城市"基础之上的。在全球信息化飞速发展的今天，我们也可以反过来说，没有"数字城市"，就谈不上数字化地球。有了全球的数字化城市，数字化地球才能得以建立、形成和发展。所以说，建设好数字化城市是向全球数字化方向发展的根本。

同样，通常可以把"数字城市"定义为：利用计算机信息网络（Internet），将城市中的各种信息收集、整理、归纳、处理、分析和优化，进而对城市的资源、环境、人文和社会等诸多方面进行数字化开发与应用，服务于城市建设与发展。可以认为"数字城市"只是对现代化城市先进功能的一种描述，是反映城市现代化程度的一个标准。如何将一个城市建设和发展成为具有"数字化、信息化"的水平，才是我们真正关心的问题。

为了解决城市的数字化、信息化这一问题，我们有必要了解"数字城市"的基本组成。一般认为"数字城市"的基本组成，从理论上讲，就是指利用现代化的信息技术、计算机技术、网络技术、自动化技术、通信技术和多媒体（图形、图像、视频等）技术等，将城市中众多的"信息孤岛"（智能大厦、智能社区等），通过城市的现代化通信基础设施——"信息高速公路"连接起来，并利用互联网技术，完成对整个城市的信息资源采集、加工、融合和共享。城市的管理者和建设者共处于一个综合的信息系统之中，该信息系统全面支持着政府、企业、金融、商业、交通、电信，以及服务业的正常运作。从实践上讲，数字化城市就是由若干个智能化、数字化群体（智能楼宇、智能小区、数字化工业园等），再加上城市数字化基础设施（水/气/电/热/交通等自动化系统、通信与互联网络等）组成。城市数字化、信息化的基本框架如图 1.1 所示。

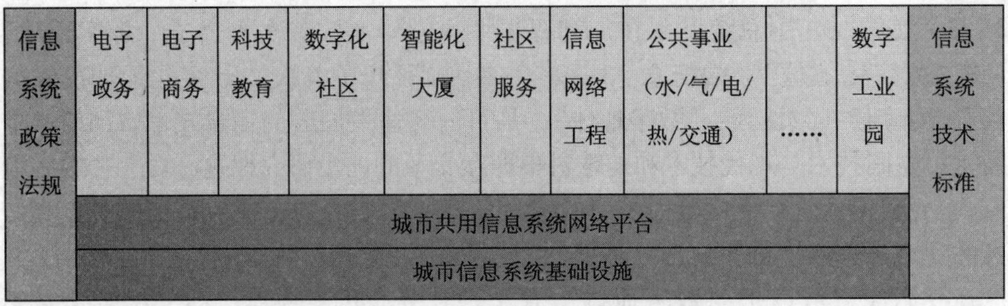

信息系统政策法规	电子政务	电子商务	科技教育	数字化社区	智能化大厦	社区服务	信息网络工程	公共事业（水/气/电/热/交通）	……	数字工业园	信息系统技术标准
	城市共用信息系统网络平台										
	城市信息系统基础设施										

图 1.1　城市数字化、信息化的基本框架

建设数字化城市，主要需要完成以下一些任务：

（1）建设完成城市现代化的基础通信设施——以光缆为主的宽带城域网；

（2）健全完善建筑智能化系统，大力发展"智能大厦"建设，并由单体智能大厦向群体智能大厦群发展；

（3）完成城市政府机关、企事业单位、大专院校等的数字化、信息化改造以及局域网和城域网的建设；

（4）重点发展城市办公建筑、银行、保险、电信，以及医院、图书馆、博物馆等的数字化、信息化和网络化。在 21 世纪的信息社会，人类开拓运用智能建筑概念，来建筑大型公共设施——金融中心、音乐厅、博物馆、体育场（馆）、会议中心等。这些智能大厦（或智能大厦群），将成为未来信息社会中"数字城市"必不可缺少的"信息单元"，对信息社会的形成和发展起着举足轻重的作用；

（5）强化城市公用事业（水、气、电、热、交通、环保等）的智能化、信息化建设；完成政府电子化改造，全面推行电子政务，实现无纸办公；在企业和商业的市场交易中努力推广电子商务；

（6）全面推动城市居民生活、居住和休闲的场所——智能化、信息化社区的建设。这是一个非常重要而迫切的问题。我们认为，在建设"数字城市"的过程中，如果能以建设无数个"智能化型信息化社区"为核心，同时加快建设城市宽带网络系统，将这些社区都通过城市的宽带网连接起来，整个城市形成巨大的具有智能化功能的信息化网络系统，会大大加快"数字化城市"的形成。

1.1.2　数字工业园在城市信息化建设中的地位与作用

1. 数字工业园概念的提出

在"数字城市"建设过程中，"数字城市"的重要组成部分——"数字工业园"需要人们的重视，它对提高一个城市，乃至国家的国民经济总产值（GDP）有着至关重要的作用。

有了"数字城市"的概念与定义，我们就可以方便地描述"数字工业园"的概念和定义了。"数字工业园"集计算机技术、现代通信技术和自动控制技术于一身，综合运用地理信息系统（GIS，Geographical Information System）、遥感（RS，Remote Sensing）、全球定位系统（GPS，Global Positioning System）、宽带多媒体网络及虚拟仿真技术等，对城市工业园的入园企业实施现代化、网络化的服务与管理，对工业园基础设施实现自动化、信息化和智能化建设，对其功能机制进行动态监测与管理。"数字工业园"具备将工业园区域内的地理、资源、经济、环境、企业、生活社区等复杂系统进行数字化、网络化、虚拟仿真、优化决策支持和可视化表现等强大功能。

"数字工业园"也可以这样定义，即通过建设工业园区宽带多媒体信息网络、园区地理信息系统等基础设施平台，整合园区信息资源，实现园区经济信息化。通过建立工业园区电子政务系统、开展电子商务活动，以发展电子信息应用、远程教育、网上医疗等服务。通过园区数字化建设，促进体制改革，使上层建筑的改革更能适应经济发展的形式。所以，"数字工业园"工程建设，不仅是实施"科教兴国"战略和可持续发展战略的一项重大基础设施，同时也是我国信息化工程项目的一个创新。

"数字工业园"具备以下重要特征：

网络化：数字化工业园区本身就是一个大的网络系统，它把园内的企业、公司、园区管理机构、商业服务设施和生活小区，统统网络在一个局域网中，并与Internet相连，形成一个小的网络化社会。

标准化：数字化工业园区本身的建设是按照事先规划好的方案进行设计的，例如，园区公用设施（水/气/电/热）自动化系统及其管网GIS、园区智能交通、园区绿化环保、污水处理等都是按规划设计图纸施工建设，以利于园区的发展。

整合化：园区的资源开发与利用，都是经过整合后，进行综合利用的。

智能化：数字工业园区的管理系统及园区的公用设施、园区交通、安全保卫等都具备智能化特点。

开放性：园区在信息、网络通信等方面，在法律允许的范围内都是开放的和共享的。

2. 数字工业园在城市数字化建设中的地位

从某种意义上讲，数字化工业园的建设与发展，决定着城市数字化的建设与发展。所以我们说，要加快"数字化城市"的建设步伐，必然要从加快数字化工业园的建设开始。建设部将对数字化工业园的建设，有计划地加大试点、指导和管理的力度。

随着国家信息化建设的逐步深入，数字工业园的建设在数字城市建设中的地位和作用将越来越显现出来。

1.1.3　数字工业园建设的基础理论与发展战略

1. 工业园数字化建设的基础理论

人类进入 21 世纪，城市信息化、数字化建设符合社会经济发展的大趋势，已成为社会经济高速发展的驱动力。作为城市重要组成部分的工业园，其信息化、数字化建设就显得尤为重要，它是保证城市可持续发展的必由之路。

构成数字工业园建设的基础理论，概括起来有以下几点：

（1）物质、能量和信息是客观世界的三大特征，因此它也是数字城市和数字工业园的三大特征；

（2）如果说城市是物质、能量和信息的聚集、扩散中心和辐射源，那么工业园就更集中的体现了这一特点；

（3）信息是由物质、能量所产生的，并依附于物质和能量而存在；信息流决定了物质流和能量流的流向、流速和流量。因此城市与工业园的信息与信息技术促进了其物质财富的快速流动，并在流动中实现倍增；

（4）现代通信网络、互联网，以及电子政务、电子商务、电子金融、物流配送等构成了城市与其工业园的信息管理系统；

（5）信息流是数字工业园运行的主要驱动力，它决定了工业园的物流、能流、资金流和人才流的流向、流量和流速，信息流明显的具有时间概念和空间概念，图 1.2 清楚地表现了这一点。

2. 数字工业园的发展战略

（1）建立园区电子政务网络平台，是工业园实现数字化的核心

建立政府电子政务网络平台，是建设数字化工业园的核心举措。该网络平台

是指统一的、功能完善的政府政务信息采集、交换，网上办公和网上信息发布平台。要真正发挥政府电子政务网络平台的作用，关键在于认真地逐个抓好电子政务项目的具体实施，例如网上政策发布、网上审批、网上报税以及政府网上采购等。电子政务的发展不仅对社会信息化，而且对整个国民经济都将会产生巨大的促进作用。

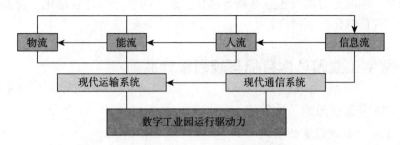

图 1.2　数字工业园运行驱动力

（2）采用互联网技术，是建设数字化工业园的重要手段

众所周知，Internet（互联网）是由数千万台计算机和上亿的用户组成的世界范围的信息资源的巨型集合体。它是世界上各种不同类型网络按照统一的协议规则连接起来的、能够互相交换各种信息的逻辑通信媒介，由数十万乃至数百万网络互联而成的网络群体表现出来的统一的网络形态。在 Internet 上，人不仅是信息的享有者，也是信息的提供者。因此，Internet 是极大的体现了人—机结合的产物。Internet 具有开放性和灵活性相结合的体系结构、灵活多样的接入方式、平台兼容性良好的 TCP/IP 协议。Internet 在体系结构和运行管理方面是分布性与相对集中的结合，在组织体制上是无序与有序的结合，而在实际运营形态上，Internet 系统处于混沌与有序的边缘。

目前，Internet 几乎连接了所有的国家和地区，我们可以毫不夸大地说，整个 Internet 系统是一个名副其实的复杂巨系统，它在数字化地球和数字化工业园的建设与发展过程中，起着极其重要的作用。因此，Internet 技术的全面运用是数字化工业园发展战略的重要组成部分。

（3）完善工业园公共事业信息化设施，是建设数字化工业园的根本保证

我们认为，工业园信息化基础设施建设，是建设数字化工业园的根本保证。没有一个完善的工业园信息化基础硬件设施，数字化工业园的建设与发展就无从谈起。工业园信息化基础硬件设施主要包括：

1）工业园现代化的基础通信设施——基础传输网和业务网；

2）工业园公共事业（水/气/电/热）基础自动化、信息化设施；

3）工业园预防灾害应急处理系统。

（4）实现工业园企业系统综合自动化是基础性任务

在发达国家，信息化是在工业化完成的基础上进行的。根据我国的国情，企业工业化的进程发展不均衡，距离实现工业化尚需时日。在我国的社会主义建设过程中，必须"以信息化带动工业化，以工业化促进信息化"。这就是说，我们一定要通过企业信息化促进传统产业的技术改造，推动传统产业产品结构和经济结构调整，同时努力发展企业基础自动化，进而向企业综合自动化方向发展，夯实企业实现信息化的发展道路。

1.2 数字工业园总体目标与规划设计原则

1.2.1 数字工业园的总体目标

1. 工业园基础设施数字化

工业园基础设施数字化的主要内容包括：

（1）工业园基础数据测绘与基础数据库的建立

数字工业园的基础数据，一般具有属性、空间和时间三大特征，称为数据三要素，其中空间数据占总数据量的 80% 以上，是我们研究的主要对象。通常数字工业园基础数据可分以下三类：

第一类：自然生态环境数据，包括工业园区地理位置、地形、地位、水文、气象等数据，该类数据构成了数字工业园的自然基础（自然层）；

第二类：人工环境数据，包括工业园区各类建筑、交通、能源、通信、工业园公用设施及环保设施等数据，构成了工业园的物质基础（建筑层）；

第三类：社会经济环境数据，包括了工业园区社会、经济、科技等人文数据，构成了工业园的人文基础（人文层）。

上述三类基础数据相互作用、相互依存，共同组成了数字工业园系统。完成它们的测绘，并建立基础数据库及其管理系统，是数字工业园总体目标之一。

（2）工业园基础设施（水/气/电/热/环保）自动化、信息化

（3）工业园基础设施规划与管理

（4）工业园电子地图绘制

（5）工业园环境监测

直观显示工业园内的环境监测点、污染源，对其详细情况进行简单查询，而且能实时反应园区大气污染、水污染、环境噪声等状况，进行合理的监测分析，利于区域环境保护。

2. 工业园通信系统网络化

工业园通信系统网络化的主要内容包括：

（1）空间数据的收集与数据库的形成；

（2）现代通信网络（宽带网）的建设；

（3）互联网。

3. 工业园管理系统的智能化

（1）园区电子政府与电子政务

园区电子政府，又称园区数字政府，是指在现代计算机、网络通信等技术支撑下，园区政府机构的日常办公、信息收集与发布、公共事务管理和对企业服务等，均在信息化、网络化的环境下，采用电子政务工具进行。

园区电子政务，实际上就是地图化的政府办公系统在电子政府中的应用。它是园区政府和各级行政职能部门加载各种专业信息和政务信息（MIS）的通用平台，是将工业园空间信息与属性信息（GIS）进行一体化的深度挖掘的分析工具，是政府机关管理政府业务和进行决策分析的有效工具，是园区政府及各个职能部门最终实现电子政府的必不可少的基础。

（2）园区电子商务与电子金融

电子商务（e-Commerce，e-Business）是指贸易双方或多方通过计算机网络进行商务活动的全过程，即电子交易过程。通过在园区内开展电子商务，企业可以改善产品和服务质量，提高服务速度，降低交易成本，增加贸易机会，简化贸易流程。可以说，电子商务构成了数字工业园商务活动的核心，它还能带动园区电子企业、电子金融和电子政务的发展。

园区电子商务运行模式，如图1.3所示。

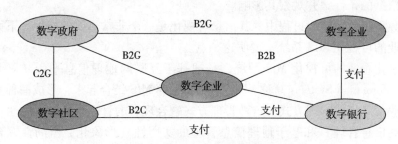

图1.3　园区电子商务运行模式

图1.3中的符号B2B、B2C、B2G等，表明了电子商务中交易双方的关系，具体说明如下：

B2B：企业对企业；B2C：企业对消费者；

B2G：企业对政府；C2G：消费者对政府。

4. 工业园的可视化

现代数据可视化（Data Visualization）技术，指的是运用计算机图形学和图像处理技术，将数据换为图形或图像在屏幕上显示出来，并进行交互处理的理论、方法和技术。它涉及到计算机图形学、图像处理、计算机辅助设计、计算机视觉及人机交互技术等多个领域。数据可视化概念首先来自科学计算可视化（Visualization in Scientific Computing），科学家们不仅需要通过图形图像来分析由计算机算出的数据，而且需要了解在计算过程中数据的变化。随着计算机技术的发展，数据可视化概念已大大扩展，它不仅包括科学计算数据的可视化，而且包括工程数据和测量数据的可视化。学术界常把这种空间数据的可视化称为体视化（Volum Visualization）技术。近年来，随着网络技术和电子商务的发展，提出了信息可视化（Information Visualization）的要求。我们可以通过数据可视化技术，发现大量金融、通信和商业数据中隐含的规律，从而为决策提供依据。这已成为数据可视化技术中新的热点。

数据可视化技术的主要特点是：

（1）交互性：用户可以方便地以交互的方式管理和开发数据；

（2）多维性：可以看到表示对象或事件的数据的多个属性或变量，而且可以按其每一维的值，将数据分类、排序、组合和显示；

（3）可视性：数据可以用图像、曲线、二维图形、三维体和动画来显示，并可对其模式和相互关系进行可视化分析。数据可视化可以大大加快数据的处理速度，使时刻都在产生的海量数据得到有效利用；可以在人与数据、人与人之间实现图像通信，从而使人们能够观察到数据中隐含的现象，为发现和理解科学规律提供有力工具；可以实现对计算和编程过程的引导和控制，通过交互手段改变过程所依据的条件，并观察其影响。

在数字工业园建设过程中，其信息可视化是一个非常重要的指标。下面以数字化企业的可视化 MIS 系统来说明这一点。

数字化企业的可视化 MIS 系统，是把基于互联网地理信息平台（Web Geographic Information Systems 简称 WebGIS）和企业 MIS 结合起来，形成一种全新概念的企业信息集成管理方式。这种管理方式融合现有的管理系统的通用性（正常库结构的信息管理）和基于地理信息管理的实用性（形象化、全局性综合管理模式），以地理信息为连接整个企业相关信息的纽带，将整个企业的信息整合于一个统一的可视化 MIS 平台中，并根据空间位置关系，对企业信息作检索、查询、分析统计，构建成一个完整的具备企业信息管理、生产管理、统计分析、决策支持的可视化数字企业系统。本系统具有快捷的信息查询与浏览能力，可实时显示信息、模拟实际状态、提供决策分析工具，以及进行完善的统计和管理用户权限等，可广泛应用在工业企业、社区服务、社区娱乐、商业服务业等。

1.2.2 数字工业园建设的基本原则

数字工业园建设的基本原则，主要包括以下几个方面：

（1）信息化原则

数字工业园建设过程中的"信息化原则"是指，以建立数字工业园信息资源管理平台为核心，形成整个园区现代化、数字化和高效率管理、服务的"一体化"。

（2）网络化原则

数字工业园建设过程中的"网络化原则"是指，在完善的宽带网络设施基础上，建设基于 Internet/Intranet 网，实现园区的现代化通信与信息传输的网络化。

（3）自动化与智能化原则

数字工业园建设过程中的"自动化与智能化原则"是指，在开发建设园区公用设施（水/气/电/热/环保/交通等）过程中，尽量采用现代化自动控制技术、智能化技术等，以实现整个园区的自动化与智能化。

（4）可持续发展原则

数字工业园建设过程中的"可持续发展原则"是指，以"循环经济"为指导原则，开发建设工业园，确保数字工业园的长期可持续发展。

1.3　数字工业园开发与建设的关键技术

1.3.1　计算机网络技术

计算机网络（以下简称：网络）技术，是指将空间位置不同，尤其是地理位置不同的且具有独立功能的多个计算机系统，用通信设备和线路（有线、无线）连接起来，并运用网络协议、网络操作系统等网络软件，实现整个网络资源共享的技术。网络技术在"数字工业园"建设中占据着极其重要的位置，由于计算机技术和现代通信技术的飞速发展，为网络技术的高速发展奠定了基础。就网络宽带而言，近几年几乎每半年就有一次突破；网络服务质量也日新月异，从局域网、广域网到互联网和移动互联网、栅格网等层出不穷，不断满足着用户的各种需求。

1. 互联网技术

从互联网（Internet）产生的背景看，Internet 网络本质上并不是一个具体的网络名称，而是由数千万台计算机和上亿个用户组成的世界范围的信息资源的大型集合体。也可以说，Internet 网络是世界上各种不同类型网络，按照统一的协议规则连接起来的、能够互相交换各种信息的逻辑通信媒介，由数十万，乃至数百万网络互联而成的网络群体所表现出来的是统一的网络形态，它是一个"网间网"。

Internet 具有如下一些特点：开放性和灵活性相结合的体系结构；灵活多样

的接入方式；良好兼容性的 TCP/IP（Transmission Control Protocol/Internet Protocol）协议。

Internet 通常可以分类成为：

（1）有线互联网（Wired Internet）

有线互联网（Wired Internet），又称固定互联网（Stable Internet），该互联网技术，也就是光纤—光缆网技术，它有如下几种类型：

1）狭带光缆；

2）宽带光缆；

3）波分光缆；

4）密集波分复用光缆；

5）宽带网络（第二代 Internet Ⅱ）；

6）波分复用技术网络（第三代 Internet Ⅲ）；

7）密集波分复用光缆互联网（第四代 Internet Ⅳ）。

（2）无线互联网（Wireless Internet）

无线互联网（Wireless Internet），又称移动互联网（Mobile Internet）。

2. 移动终端技术

移动终端（Mobile Terminal，MT）是指可以随身携带，使用方便，具有通信功能的信息或通信装置，它具有三种基本功能：

（1）个人数字处理，是一种电子记事计算机，主要用于管理个人信息；

（2）移动电话，又称手机，具有语音、文字通信及简单的信息浏览功能；

（3）便携式计算机，又称笔记本电脑，具有文字处理、表格计算、数据管理和远程上网等移动办公功能。

3. 栅格网技术

栅格计算（Grid Computing）或称计算栅格（Computing Grid），又称"Great Global Grid"，即"GGG"，简称"栅格网"或"格网"，是指用网络相连接的，分布在不同地理位置的计算机或计算机群的数据和计算机资源的共享应用的计算机技术。栅格计算并不是抛弃和取代互联网—万维网（WWW，World Wide Web），而是在它们的基础上升华为格网（GGG，Great Global Grid），与 WWW 相比，GGG 的性能更高、功能更强、应用更广。

Linux 为大力推动"栅格计算"奠定了基础，它将多个服务器和存储系统连成一个无缝的格网。在这个格网上，由更高级的软件来确保给适当的用户配适当的计算能力，真正实现了系统异构硬件、软件和数据的共享。

与 WWW 相比较，GGG 具有以下一些特点：

（1）GGG 技术是在 WWW 的基础之上发展起来的新技术，它是继 Web 之后，Internet 的一次重要变革。其特点是将入网的、分布在异地的或具有异构特征的计算机系统，整合成一台可以进行并行处理的超级计算机系统，并充分实现资源（或信息）共享。

（2）与格网计算技术相关的有数据栅格、信息栅格、计算栅格等，它们同属一个计算平台。

（3）格网的体系结构，由下面四个层次组成：

1）格网光纤层（grid fabric）；

2）格网服务层（grid services）；

3）格网应用工具层（grid applied tool）；

4）格网应用层（grid application）。

以上四个层次结构提供了系统资源相关、站点相关的基本功能，保证了高层分布式格网服务的实现。格网系统的关键技术在于格网系统软件（特别是操作系统）的开发，它决定着格网系统是否正常运行。通常格网系统软件主要包括有：格网资源管理软件、系统优化软件、格网任务调度管理软件和格网系统安全软件等。

4. 空间信息格网（SIG）

所谓空间信息格网（SIG，Space Information Grid），就是利用现有的空间信息基础设施、空间信息网络协议规范，为用户提供一体化空间信息应用服务的智能化信息平台。

在这个空间信息格网平台上，空间信息处理是分布式协作的和智能化的，用户可以通过单一的逻辑门户（portal）访问所有空间信息资源。在空间信息格网中，各种空间信息资源被统一管理和使用。用户可以通过空间信息格网门户透明地使用整个网络上的空间信息资源，而不用在成千上万个网站中搜寻自己想要的空间信息。空间信息格网追求的最终目标，是把 Internet 上的空间信息服务站点连接起来，实现服务点播（Service On Demand）和一步到位的服务（One Click is Enough）。从某种意义上讲，我们可以把数字地球（含数字工业园）看成是全球性的空间信息格网中的一个格网节点。

空间信息格网的体系结构、空间信息表示和空间元信息（Metainfo）、空间信息连通性和一致性、空间信息格网安全、空间信息格网的智能化等是目前学术界研究的重点课题。因此，我们说"空间信息格网技术"，目前尚处在研究和开发之中，但在不久的将来，一定会在"数字地球"（含数字城市和数字工业园）得到突飞猛进的发展和广泛的应用。

1.3.2　现代通信技术

信息时代的一个主要特征就是信息、信息资源的获取、传递、处理等能力在信息技术支持下的高速发展。其中信息传递技术构成了"现代通信技术"，它的飞速发展，不仅改变了人类社会的生产和生活方式，而且对全球政治、经济、军事等领域均产生强烈的冲击。现代通信技术核心就是"现代通信系统"，它与"计算机系统"和"自动控制系统"构成了支持数字工业园建设的三大支柱。在数字工业园中，现代通信系统的主要内容包括：

1）以数字程控交换机为核心，以话音信号为主体的通信系统；

2）以计算机局域网为骨干网，以数据传输为主体的信息网络系统；

3）工业园中信息网的组成及其框架结构。

1. 现代通信网（ISDN）的形成

在一个高度发达的信息社会里，人们要求有高质量的信息服务，要求通信网提供多种多样的通信业务，而且还要求通过通信网传输、交换和处理越来越庞大的信息量。现代通信网在这种需求的牵引下，正加速采用以现代通信技术、宽带传输媒介以及计算机技术为基础的各种智能终端技术和数据库技术，向数字化、宽带化、综合化、智能化和个人化方向发展，这其中"数字化"是其他四个"化"的基础和核心。

我们通常把实现数字传输与数字交换的综合通信网称作"综合数字网（IDN，Integrated Digital Network）"。虽然 IDN 采用了数字传输与数字系统技术，且在两点或多点之间提供数字链路，但是该网所连接的终端设备，传送的仍然是模拟信号。因此，IDN 网络实际上仍是一个非全数字化的模拟和数字混合的网络，存在着不能对各种电信业务进行综合的缺陷。为了克服这一缺陷，国际电信联盟（ITU-T，International Telecommunications Union-Telecommunications standardization Section）于 1975 年提出了"综合业务数字网（ISDN，Integrated Service Digital Network）"的概念，即利用数字技术，将话音和非话音业务等都以"数字方式"统一和综合到同一个数字网中来传输、交换和处理。用户只需要通过一个标准的用户/网络接口，就可以接入到该数字通信网中，实现多种业务的通信。图 1.4 给出了 ISDN 通信网的组成框图。

ISDN 的基本概念，我们可以归纳为以下几点：

（1）ISDN 是基于 IDN 发展起来的一种可以提供多种业务的现代通信网络，用户通过一组标准多用途的用户/网络接口接入网络，该用户/网络接口可以适应不同业务的终端。

（2）ISDN 的主要特点，是在网内可实现端到端的数字连接，因此 ISDN 特别具有综合业务服务的能力。

（3）ISDN 的用户终端设备和网络构成可以分别设计和开发。

（4）对不同业务而言，ISDN 可根据所承担业务的需要来选择网络功能。

2. 宽带综合业务数字网（B-ISDN）

随着通信网的发展，人们不断地提出更多的通信业务，如高清晰度电视

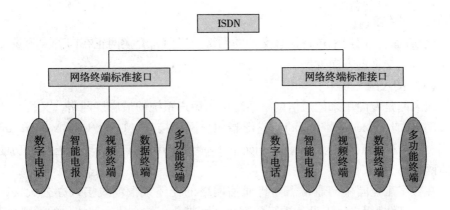

图 1.4　ISDN 通信网的组成框图

（HDTV，High Definition Television）、会议电视、可视电话、视频点播、远程教育、远程医疗和高速数据传输等。对这些多功能化的业务，现今（包含 ISDN 在内）的各种通信网都是无法完成的，其原因是这些通信网络都是面对特定的业务类型设计的，它们存在以下问题：

（1）各网资源不能共享，即使一个网络中有空闲资源，也不能被其他网络中的业务使用。

（2）各网硬件系统设备各异、操作系统和规程各不相同、互不通用，致使网络系统维护和管理增加难度，难于形成高效的管理体系；加之各网专业化程度高，更不利于综合新业务和多媒体通信的发展。

（3）对于要求多种通信业务的用户，需要多个用户号码、多种接入方式和多台通信终端，因而造成用户不仅投资大，而且使用极为不便。

综上所述，无论从用户的角度，抑或是从网络运营商的角度来说，都希望建立一个单一的网络来完成用户的多种业务需要。该单一网络要求既能传送低速信号，也能传送高速信号，既能适应语音信号的时延特性，又能适应数据信号所要求的误码特性，进而也能适应图像和视频信号所要求的时延和误码两种特性。于是人们提出了宽带综合业务数字网（B-ISDN，B-Integrated Service Digital Network）的概念。

3. 中国信息网及其基本架构

现代信息网络按网络功能来分，可以分为传输网、交换网和接入网三大类。

（1）传输网

传输网是专门用来进行信息传输的网络，它又可以分为省际、省内和市内传输网。在传输技术方面，光纤传输已替代微波传输，成为主要的信息传输方式，微波传输则成为在空中的辅助传输方式。近年来，卫星通信方式得到广泛应用，并有进一步发展的势头。

（2）交换网

交换网是专门用来进行信息交换的网络。目前，交换网正在向着大容量交换和超大容量交换的方向发展。

（3）接入网

接入网是专门用来把通信网络系统接入用户系统的最底层网络，又称为用户接入网（AN，Access Network）。它泛指用户网络接口（UNI，User Network Interface）与业务节点接口（SNI，Service Network Interface）间实现传送承载功能的实体网络。

在数字工业园中，通常需要将通信网络的光缆或铜缆线接入办公大楼、公司/企业，并对用户接入设备进行数字化、宽带化、综合化和智能化的设置。

中国信息网的基本架构基本上是按照上述三大网络进行设置的。

1.3.3 自动控制技术

1. 控制系统及其发展综述

控制系统从它的出现到现在大致经历了以下几个阶段：

（1）直接数字式控制器（DDC，Direct Digital Controller），也称集中控制系统，在工业生产过程中往往充当下位机使用。该类型控制器在计算机应用于工业生产过程中，是最早被采用的一种自动控制技术；

（2）分布式控制系统（DCS，Distributed Control System），又称集散型控制系统，是人类在20世纪70年代后期；随着计算机技术与数字通信技术相结合而发展起来的一种先进的控制方法。DCS主要由中央管理的计算机、设备的DDC和计算机通信网络等三大部分组成；

（3）现场总线控制系统（FCS，FieldBus Control System），是由测量系统、控制系统、通信系统和管理系统等组成，而通信部分的硬/软件则是它最有特色的部分。

众所周知，FCS因为具有开放性、分散性和互操作性的特点，已经成为新型工业控制系统的发展方向之一。自从美国Intel公司推出Bitbus标准以来，现场总线经历了近二十年的发展历程，其间产生了几十种现场总线，如WorldFip、LonWorks、Profibus、FF、ControlNet、CC-Link等。2000年1月产生了包括Profibus、FF、WorldFip等八种总线类型的现场总线国际标准——IEC61158，这预示着今后相当长的时间内，将出现多种总线共存的局面。这里需要强调的是，虽然FCS克服了DCS显而易见的缺点，而且其产品具有可靠性高、可自由选择性及产品性能较好、价格较低，同类不同品牌的产品具有"即插即用"功能以及可将不同品牌的产品集成到一起进行组态等特点。但FCS也存在着如下不容忽视的问题：

1）现场总线标准过多，未能形成统一标准；

2）各类现场总线之间不能兼容，不能实现直接与互联网进行信息互访；

3）现场总线的速度较低，支持的应用范围有限；

4）现场总线需要专用实时通信网络，系统成本显著增加。

由于以上问题，使得目前国际上 FCS 技术的发展陷入困境。为了较好地解决上述问题，人们提出了网络控制系统（NCS，Networked Control System）的新概念。其概念的核心是：NCS 充分利用计算机网络的特点，使分布在不同地域的控制节点和控制系统有机地连接成一体，可方便地实现宽广地域的远程监视与控制。

目前网络控制受到国际控制界的极大关注，2002 年 7 月在西班牙巴塞罗那召开的 IFAC 世界大会上，网络控制被视为将来最主要的研究方向之一，用网络控制系统 NCS 实现局域乃至全球范围内的监视与控制。NCS 必将成为企业自动化、信息化建设中，广泛被采用的工业控制系统。因此，NCS 及其配套产品的市场前景非常乐观。下面将介绍 NCS 及其特点。

2. 基于以太网的现场网络控制系统

随着互联网技术的发展，以太网（Ethernet）已逐渐垄断了商用计算机的通信领域。过程控制领域中上层的信息管理与通信也已经逐步统一到以太网上来，并且有进一步直接应用到现场底层控制的趋势，如工业过程控制、机器人控制和实时控制系统等。与目前的现场总线相比，以太网具有以下明显的优点：

（1）应用广：以太网是目前应用最为广泛的计算机网络技术，几乎所有的编程语言都支持 Ethernet 的应用开发。如果采用以太网作为现场总线控制单元之间的通信网络，可以保证多种开发工具、开发环境供选择。

（2）成本低：由于以太网的应用极广，有多种硬件产品供用户选择，而且硬件价格也相对低廉。目前以太网卡的价格只有 Profibus、FF 等现场总线的十分之一，况且还会进一步降低。

（3）速率高：常用以太网的通信速率为十兆，百兆的快速以太网也已开始广泛应用，千兆高速以太网技术正在逐渐成熟。可见以太网速率比目前的现场总线高得多，可以满足对宽带有更高要求的场合。

（4）潜力大：在如今的信息时代，随着社会需求的迅猛增加，信息技术与通信技术的发展将更加迅速和趋于成熟，工业控制领域和建筑智能化系统领域广泛采用以太网作为现场设备之间的通信网络平台，将保证以太网技术不断地持续向前发展。在这一发展过程中，以太网的应用将会从 PC、PLC、DCS 等高层设备深入到智能化的底层现场设备，如驱动器、伺服控制器、过程回路控制器、查验系统以及识别系统等，同时也会越来越多的应用到数据采集、能源管理和基于工业 PC 机的小型控制系统中去。

综上所述，基于以太网的现场网络控制系统（NCS），具有成本低、结构简单、可靠性高、控制分散等特点，可实现真正的"E网到底"控制，能够克服以往 DCS 和 FCS 的局限性，大大降低控制系统的成本，提高控制系统的性能，真正组成一个开放式的自动化控制系统。

在国内外，基于以太网的现场网络控制系统（包括技术及产品），经过业界科研人员和大量工程技术人员的不懈努力，可以说已经成功地应用于各类工业过程控制领域，尤其在建筑智能化系统领域已出现成功应用的范例，图 1.5 中表示了一种应用于智能建筑工程建设中的"基于以太网的楼宇测控系统的网络结构"示意图。

基于以太网的楼宇测控系统的网络结构

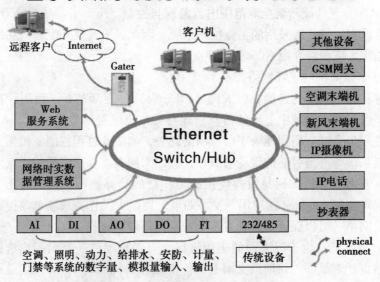

图 1.5 基于以太网的楼宇测控系统的网络结构示意图

3. 数字工业园应用自动控制技术的特点

数字工业园应用自动控制技术，可以从两个方面描述，即园区内数字企业本身对于控制技术的需求，它们可以是 DCS，抑或 FCS。但对于工业园公用设施（水/气/电/热/环保等）的自动化系统，则更多的将涉及 SCADA（Supervisor Control And Data Acquisition）系统，即监测监控及数据采集系统。

SCADA 系统的结构主要是由中央计算机管理系统、系统中继站、远程控制单元 RTU（Remote Terminal Unit）等三级组成。整个系统包括有计算机及其网络系统、RTU 及其有线/无线信号通信系统等。

SCADA 系统本质是一个以计算机为基础的生产过程控制与调度自动化系统，

它可以方便地对现场的运行设备进行监视和控制，以实现生产过程数据采集、设备控制、测量、参数调节以及各类信号报警等各项功能。因此，在数字工业园公用设施自动化中，SCADA 将发挥着极其重要的作用。由于各个应用领域对 SCADA 的要求不同，所以不同应用领域的 SCADA 系统，其系统结构、系统组成和系统功能等也不尽相同。

1.3.4　用于数字工业园的信息技术

1. 地理信息系统技术

所谓"地理信息系统（GIS，Geographical Information System）"是指，在计算机硬件和软件的支持下，运用地理信息科学和系统工程理论，科学管理和适时分析各种地理数据，提供规划、管理、模拟、决策、预测和预报等任务所需要的各种地理信息的复杂系统。GIS 是进行城市信息化建设不可缺少的重要工具，由于城市工业园是现代城市的重要组成部分，所以 GIS 技术对于数字工业园来说，也是极其重要的信息技术。

如果从计算机系统的角度来看，城市地理信息系统是一个用于对城市地理数据进行采集、计算、分析、管理、查询与可视表现的计算机系统。

对于城市 GIS（含数字工业园 GIS），主要由以下五个部分组成：

（1）信息基础设施：在信息时代里，人们通常把"信息高速公路"形象的比喻为信息基础设施，它为城市（含工业园）GIS 由单机操作进入 Internet 奠定了基础。可以说，信息基础设施已成为 GIS 的一个重要组成部分。

（2）GIS 硬件。

（3）GIS 软件。

（4）地理数据。

（5）参与 GIS 的人。

GIS 技术本身是一个不断发展着的信息技术。它的发展过程，就是不断地吸取和融合各种新技术，如移动通信技术、3D 可视化技术、虚拟现实技术、计算机网络技术、人工智能技术等的过程。而且 GIS 软件开发方式也在不断的进化，如从面向过程到面向对象，再到面向 Agent；从模块化到组件化。GIS 的进化过程表现为"多维化、移动化、智能化"。

2. 工业园信息系统数据的融合、挖掘和共享技术

（1）数据融合技术

在高速发展的信息化进程中，产生和积累了大量的不同来源和不同尺度的数字城市（含数字工业园）的空间信息资源。如何有效地利用这些信息资源，使深层次的、基于城市（含工业园）空间数据的辅助决策能够得到有效实施，而不至于淹没在信息的海洋中，则是数字城市（含数字工业园）多元空间数据融

合和数据挖掘技术所要解决的主要问题。

所谓数据融合（Data Fuse）技术，是指在数据融合理论和空间数据仓库理论研究基础上，通过分析城市（含工业园）空间数据和属性数据的来源和分类，建立空间数据仓库体系结构和数据融合时空模型的技术。

（2）数据挖掘技术

所谓数据挖掘（Data Mining）是指，从大量的、不完全的、有噪声的、模糊的、随机的数据中，提取隐含在其中的、人们事先不知道的，但又是潜在有用的信息和知识的过程。数据挖掘方法主要有"关联规则分析"、"序列模式分析"、"聚类分析"和"分类分析"等。通常数字工业园在进行数据挖掘过程中，需要综合采用上述方法进行挖掘。

（3）数据仓库技术

数据仓库的实质就是一个数据库，但是它存储的数据与普通数据库中的数据不太一样，数据仓库所存储的是从数据库里经过加工整理后的数据。例如，传统的 GIS 数据库系统是面向应用的，只能回答很专门、很片面的问题，它的数据只是为处理某一具体应用而组织在一起的，数据结构对单一的工作流程是最优的，而对于高层次的决策分析就未必合适了。空间数据仓库技术正好填补了这一空白，它保证了 GIS 的高层决策者对数据分析处理的特殊需要。

（4）数据共享技术

数据共享技术，在当今的信息时代是不可缺少的，计算机网络为数据共享提供了有利的环境和理想的载体，以及便捷的传输通道。

3. 数字工业园的虚拟模型技术

（1）虚拟技术综述

随着高速计算机的出现，利用仿真和虚拟技术可以模拟一些不能观测到的自然现象或社会现象，同时利用这些技术，还可以帮助科学家和工程技术人员更容易理解观测到的数据（包括过去难于理解的数据）。我们说，对于城市信息化研究与建设，尤其数字工业园建设，仿真和虚拟技术占有十分重要的地位。

"虚拟技术"全称是"虚拟现实（Virtual Reality）技术"，是指运用计算机技术（尤其是三维计算机图形技术、信息系统技术等）生成一个逼真的，并具有视觉、听觉、触觉等效果的可交互、动态模型的技术。虚拟技术与计算机仿真技术十分相似，但有所不同。首先，虚拟技术与仿真技术都是利用计算机，进行科学计算和多维表达（显示）。所不同的是，对于仿真而言，研究者对虚拟的物体只有视觉和听觉，没有触觉，不存在交互作用，如果研究者推动计算机环境中的物体，不会产生符合物理的、力学的行为或动作。运用虚拟技术来进行现实模拟，则可以克服上述的缺点。因此我们说，虚拟技术的应用前景与其科学价值，更为广大科学工作者重视。

（2）虚拟地理信息系统（VR-GIS）技术

虚拟地理信息系统（VR-GIS）技术是指虚拟现实技术与地理信息系统（含网络 GIS，即 WebGIS）技术相结合的技术。VR-GIS 技术是一个在发展过程中逐渐成熟的技术，它专门用来研究地球科学及数字城市（含数字工业园）的规划和建设过程中所遇到的特殊问题。

VR-GIS 技术的特点表现在：

1）能非常真实的表达现实的地理区域；

2）研究者在所选择的地理范围内外自由移动；

3）具有三维数据库的标准 GIS 功能；

4）明显的数据可视化功能；

5）虚拟数字工业园系统信息模型的建立。

4. 数字工业园的基础数据库及其管理系统

（1）数字工业园基础数据库概念

数字工业园的数据一般具有属性、空间和时间三大特征，我们也称数据三要素。不过，在数字工业园所有的数据中，至少有 80% 的数据是与空间有关的，所谓空间数据主要指：

1）反映数字工业园基本状况的数据；

2）数字工业园各类应用系统所需的公用数据；

3）作为供各种用户为了增加其他与空间位置有关的专题数据所需的定位参考基准数据。

所以我们把对空间数据的研究摆在十分重要的位置。

（2）基础数据库及其管理系统功能、结构与建设原则

数字工业园的基础数据库应该是数字城市数据库的一个重要组成部分，它包含了数字工业园的基础数据库建设和数字工业园的基础数据库管理系统两大部分。对于数字工业园 GIS 建设与管理（运行）来说，数字的获取、更新、管理将占据整个工作量的或总经费的 70% ~ 80%，所以在整个数字工业园 GIS 建设中，数字工业园的基础数据库建设，占据了十分重要的地位。如果只有一个完善的工业园基础数据库，而缺少一个良好的管理系统，那么该数据库也是无法发挥作用的。因此，建设好数字工业园的基础数据库管理系统，也具有同等重要性。

原则上，坚持重中之重的原则。

一般来说，数字工业园基础数据库管理系统的主要功能表现在：

1）数据方面

系统能提供完备的图形、工业园属性数据的输入功能，并保证数据的准确性和一致性；

系统方便数据库管理人员对数据进行的各种操作、对数据库的维护；

系统支持满足数据的存储、管理和数据入库前的审核；

系统能提供数据库的安全保密措施。

2）管理方面

系统能方便地提供各种图形要素的输入编辑工具；

系统能提供强大的数据查询功能，并根据查询或统计的结果生成满足要求的报表、图形等输出；

系统具有多种分析功能，可以建立相应的辅助决策模型；

系统具有完善、灵活的数据输出功能，保证图形、图像按照规范的要求输出；

系统强大的 Web 查询功能，可提供 Metadata 查询标准；

系统还具有系统功能的可扩展性。

3）运行方面

系统设置了相应的保证措施，可确保数字工业园基础数据库稳定、安全运行；

系统的功能开发和应用软件开发符合国内外相关标准及管理办法；

系统建立了严格的管理制度和操作规程。

数字工业园基础数据库管理系统的结构，我们可以从总体结构、主体模块和子系统三个方面来描述。

1）总体结构

系统的总体结构可以分为：图形图像数据库、属性数据库、主体模块和子系统等四大部分。

2）主体模块

主体模块是由系统的数据管理、资源管理及安全管理三个部分所组成。数据管理的任务主要是完成自定义或选择系统中所用到的各种数据及数据结构，包括系统中所用到的各种属性数据表的生成等；资源管理的任务主要是设置和管理系统中的各种资源的数据、数据结构，以及系统的各种运行参数，保证系统的正常运转；安全管理包括增加或修改用户密码、设置操作权限等。

3）子系统

数字工业园基础数据库管理系统子系统主要包括：

数据维护子系统：主要完成各种数据的转换、编辑、维护及更新等功能；

查询检索子系统：主要实现缩放、漫游、查询、检索、图形与图像数据的一体化管理、多媒体技术，响应远程用户的请求，并输出可视化的结果；

媒体发布子系统：主要向授权用户或应用系统提供分级别的地理基础数据的服务。

数字工业园基础数据库及其管理系统建设的原则是：

1）标准化

在建设数字工业园基础数据库及其管理系统时，其地理数据的分类体系及编码体系、数据交换形式、数据的组织结构等，必须严格遵循国家标准和国际标准。

2）开放性

开放性是系统建设的一个非常重要的原则，开放性的目的是保证系统能够方便的为各种应用系统提供动态数据支持和进行数据交换与更新，是系统更具灵活性和适应性。

3）实用性

所谓实用性，是指数字工业园基础数据库及其管理系统，必须以满足数字工业园的需要为依据来进行建设。

4）先进性

先进性是保证系统生命周期的关键所在，在系统建设过程中，必须要尽量应用最新的技术，当然也必须考虑该技术的成熟度。

5）安全、稳定性

数字工业园基础数据库及其管理系统的安全、稳定性是建设的前提条件，因为没有系统的安全和稳定性，就无法保证系统的正常运转，该原则应该是所有原则中，重中之重的原则。

1.4 数字工业园标准与规范及其信息化水平评估

1.4.1 数字工业园标准与规范

1. 数字工业园对标准与规范的需求

就数字工业园而言，其根本目标就是充分利用信息技术和网络通信技术于工业园的园区政务管理、园区经济发展和园区企业生产等诸方面，从而使工业园提高其综合实力，能够满足 21 世纪的高智力、高科技、高质量的城市经济体系的需求。因此，数字工业园建设以及与之相对应的标准化工作的需求重点，无疑立足于以下几个方面：

（1）网络通信环境（尤其是 Internet 环境）；

（2）信息技术的研究、开发及其装备；

（3）信息资源的开发利用，及应用系统的建设与示范；

（4）工业园区的社会、经济环境与信息化同步发展的问题。

数字工业园对标准与规范的需求，主要涉及下列几大类：

（1）通信网络，包括高速、多媒体传输网、Internet 和网际互连；

（2）信息技术，包括基础术语、信息分类与编码、汉字编码、识别卡、多媒体、信息安全技术等；

（3）信息资源描述技术，如文本描述技术、数据描述技术等；

（4）应用技术，主要包括 EDI、电子商务、CAD/CAM；

（5）信息化相关设备标准；

（6）一致性测试和认证。

2. 数字工业园标准体系与实施

（1）数字工业园标准体系

标准体系是标准化工作中的一个重要概念，其一般含义为：由一定范围内的具有内在联系的标准组成的科学的有机整体，是一幅包括现有的、在正常情况下制定的和应予制定的标准的蓝图，是促进一定范围内的标准组成趋向科学化和合理化的手段，通常用标准体系表达，由多个分体系组成。因此，研制标准体系、分析标准体系的构成以及它们之间的关系，制定出相应的标准体系表，是一种有效的工作方法，也是标准化的一项基础性工作。

数字工业园标准体系是对数字工业园所需标准的科学总结，其地位与作用主要体现在：

1）科学合理地确立了数字工业园对标准的类目、内容、现状和发展趋向的总需求和具体需求；

2）为数字工业园建设的标准和主管部门提供了信息化所需标准的总体框架和发展蓝图，指明未来标准化工作重点和发展方向，提供相关决策依据和编制年度信息化标准的修定计划依据；

3）为数字工业园的建设者和开发者了解、查询和选用所需标准，掌握标准的发展现状和趋势；

4）为信息化所需标准的制定者根据信息化建设的要求，按轻重缓急的原则，向标准化主管部门提出标准制定和修改的申请，使标准的制定工作紧密结合工程建设的需要，成龙配套，避免项目与实际脱节；

5）为数字工业园所需要的标准逐渐趋向科学化、合理化和实用化打下坚实的基础。

（2）数字工业园标准体系框架

信息化标准体系结构的划分是一项十分复杂和难于界定得非常清楚的工作。它可以按信息本身的属性去划分，也可以从应用的角度去划分。

数字工业园标准体系框架，通常由下列 16 个分体系组成：

1）术语；	2）多媒体与图形图像；
3）信息分类编码；	4）信息安全；
5）中文信息平台；	6）工业自动化；
7）存储媒体；	8）业务数据结构化与交换；
9）软件与软件工程；	10）设备；

11）计算机通信网络；　　　12）测试与评估；

13）办公自动化；　　　　　14）地理信息；

15）识别卡；　　　　　　　16）相关标准和其他标准。

（3）数字工业园标准体系的编制原则

数字工业园标准体系的编制原则包括了如下三大类原则：

1）标准体系的总体编制原则；

2）标准体系框架的编制原则；

3）标准体系表的编制原则。

1.4.2 工业园信息化水平评估指标及监测系统

1. 制定工业园信息化水平评估指标的必要性

建立工业园信息化水平评估指标体系是确保工业园信息化过程顺利进行的必要措施，有了该评估指标体系，就可以及时发现问题和及早采取有效措施。

工业园信息化水平评估指标体系是一种监测工业园信息化水平的依据或标准。如果没有这种科学的、公认的评估标准，就无法判别工业园信息化过程中存在的问题。但是，建立工业园信息化水平评估指标尚无先例，没有可供参考的范例，因此制定的难度较大。数字工业园实施细则本身就是一个创新。

2. 数字工业园信息化水平评估指标体系

信息化是当今世界经济和社会发展的大趋势，这种趋势对社会经济活动产生了深刻的影响。由于我国当前处于从计划经济向市场经济、从封闭经济向开放经济的转型期，现有的统计指标体系无法系统地反映信息化发展水平，现有的统计渠道也无法获取与信息化发展水平相关的数据。

所以我们在设计数字工业园信息化统计指标和进行测评时，只能遵循覆盖性、特征性、可比性和前瞻性的原则，并借鉴国外相关信息化指标体系，来建立数字工业园信息化水平评估指标体系。

覆盖性原则：覆盖性原则是指立足于从内容上覆盖反映信息化水平的各个层面，即覆盖了信息资源开发利用、信息网络建设、信息技术应用、信息产业发展、信息化人才和信息化发展政策等6个方面。

特征性原则：特征性原则是指根据自身工业园的特点，设计出具有本数字工业园信息化活动中最具代表性的特征指标。

可比性原则：信息化统计指标的筛选和确定必须充分考虑国际国内的可比性。

前瞻性原则：在设计信息化指标体系时，不仅要反映信息化发展的现状，也要反映其发展变化的趋势。在考虑到信息化指标体系的完整性的同时，设计一些带有预见性的统计指标是完全必要的，它可以体现本信息化指标体系的时代气息。

3. 数字工业园的数字神经系统简介

我们可以说，数字工业园是对城市工业园系统的数字化和信息化的表达。工业园系统也和生态系统、人类社会系统一样，具有自组织功能，包括自调控、自适应、自发展（进化与遗传）等生命系统的特征。

数字工业园系统是一个复杂的、开放的巨系统，它是由数据采集系统、计算机处理与存储系统、各种应用子系统等共同组成的。该系统无论从拓扑和信息交互方面，都与人的脑神经系统有相似之处，一旦人们赋予该系统网络特性，就酷似具有了"生命"。而在该系统中的人，则可以被认为是这个有机体的神经中枢，信息或数据是在机体中不停流动着的"血液"，网络的节点和负责网络管理的计算机则起着神经元的作用。

基于上述的认识，我们可以把数字神经系统（DNS，Digital Nervous System）技术应用于数字工业园的研究、开发和建设。

所谓数字神经系统，主要指利用相互连接的计算机网络（如 Internet-Web）和集成的软件，创造新的协作方式，以加快系统信息流通和准确性，致使系统决策者迅速作出正确的决策。

4. 数字工业园信息化水平的动态监测

在工业园信息化水平评估指标体系及数字工业园数字神经系统的基础之上，建立工业园信息化水平评估指标的动态监测和辅助决策系统是完全可能的，而且是必要的。系统的监测对象为已经建立的工业园信息化水平评估指标。决策的目标根据监测的结果，及时发现该工业园在信息化的过程中所存在的问题，并对所发现的问题进行科学分析和提出必要的对策，即解决问题的办法，因此才算构成了数字工业园信息化的完整的系统。

2 数字工业园基础网络建设

2.1 数字工业园区网络类型与应用

数字工业园区中的网络类型众多，各类网络遍及每个建筑以及整个园区，在园区中包括了信息、监控、电信和电视四类网络。

2.1.1 信息网络

1. 信息网络在园区中的应用

信息网络遍及整个园区，在企业楼宇内部需要应用信息网络，且在整个园区的公共区域和公共建筑物内也需要信息网络的应用。信息网络在园区中的应用一般包括以下几个方面：

（1）互联网信息服务（主要包括电子政务、电子商务等）；

（2）园区空间信息服务；

（3）园区公用事业信息服务［主要包括 IP 电话（VoIP）、IP 电视（IPTV）等］；

（4）公共信息资源共享服务；

（5）企、事业内部管理信息系统；

（6）企、事业办公自动化；

（7）智能化系统综合集成和物业管理等。

2. 信息网络的结构与实施

信息网络是一种基于以太网和 TCP/IP 协议的数字网络，整个网络一般采用星型拓扑结构。不论是园区内的各个企业内部，还是对于整个园区，信息网络的结构和实施两者是有区别的，分别说明如下：

（1）在园区内，对于每个企、事业（在建筑物内或跨建筑物）来说，如果有需要，信息网络可以区分为内网和外网两种类型，而内网又分为一般内网和涉密网。在网络工程具体实施时，内网之间、内网和外网之间，通常是需要实施物理隔离的，物理隔离的方案设计可与建筑物内综合布线系统设计统筹考虑。当然，也有企、事业内的信息网络不区分内外网，那么该信息网络的结构和实施均较简单。

不论信息网络的内网抑或是外网，其物理结构一般分为三个层次，即核心层、汇聚层和接入层，如图 2.1 所示。

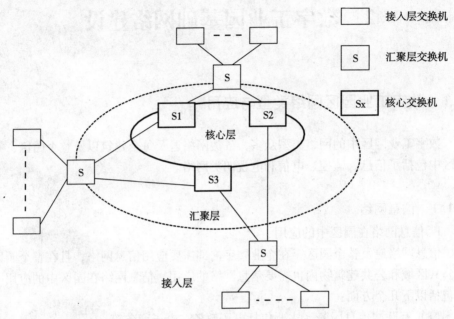

图 2.1   园区企事业内部信息网络结构

核心层网络位于整个网络结构的顶层，是网络的核心部分，具有高带宽、高容错和高速率接入等特性。核心层网络一般由 1 台或若干台配置在机房中的核心交换机组成。

接入层网络面向用户站点的连接，由分布在各个弱电设备间内的接入交换机组成，为网络用户提供接入端口。

汇聚层网络处于主干层与接入层之间，由若干个性能适中的交换机组成，汇聚层交换机上链核心层核心交换机，下链接入层边缘交换机。

需要注意的是，对于一些规模较大的网络，其整个物理结构可能超过三层，则汇聚层网络物理结构不只一层；而对于一些规模较小的网络，其整个物理结构可能只有两层，即只包括主干层和接入层；还有规模更小的网络，其物理结构只需一层。

图 2.1 表示了一个典型的三层结构的方案，其核心层由 S1、S2、S3 三个具有 10G 以太网接口的核心交换机组成，构成 10Gbit/s 传输率的环状骨干网，接入层交换机以 10M/100Mbit/s 传输率连接用户终端，并以 100Mbit/s 传输率上链至汇聚层

交换机，汇聚层交换机则以两路 1Gbit/s 速率的光纤冗余连接至核心交换机。

（2）对于整个园区，园区宽带主干网与每个企、事业或每个建筑物的信息网络相连；园区宽带主干网支撑了园区公共信息资源；支撑了园区网络中心；并与互联网或城域网相连接。

2.1.2 监控网络

与信息网络类似，监控网络遍及整个园区，在企、事业楼宇内部需要应用监控网络，且在整个园区的公共区域和公共建筑物内也需要监控网络的应用。监控网络的应用一般包括以下几个方面：

1. 建筑智能化方面

（1）楼宇控制（包括空调与通风、上下水、配电、电梯、照明等）。

（2）安全防范（包括视频监控、出入口控制、周界防范、防盗报警等）。

（3）一卡通（包括门禁、巡更、停车场、考勤、购物、用餐等）。

（4）消防报警监控。

（5）背景音乐与公共广播。

（6）电能、水、燃气远程计量。

（7）集成与联动。

（8）物业管理等。

2. 绿色建筑方面

（1）节约资源（包括电能、水、燃气等）。

（2）室内、外空气质量监测。

（3）噪声监测。

（4）电磁污染监测。

（5）生活用水质量监测。

（6）污水处理。

（7）绿色景观监控等。

3. 园区公共区域

（1）交通监管。

（2）停车场。

（3）园区 GIS 等。

监控网络，正在从多种多样的网络逐步走向统一。例如，安全防范系统（包括视频监控、可视对讲、门禁、周界防范等应用子系统）所对应的各个支撑网络，目前已经从分散、独立走向集成，并逐步融合；对于楼宇自控，虽然包括比较多的应用（包括空调、电梯、配电、上下水、照明等），但是其支撑的网络目前已经是一个统一的平台。除了消防和报警系统外，监控网络已经走向统一。绿色建筑方面的应用，其支撑的网络正是统一的监控网络的扩展。

2.1.3 电信网络

在园区中，电信网络包括如下几种形式：

（1）有线电话网（PSTN）；

（2）综合服务数字网（ISDN）；

（3）移动通信网（包括 GPRS、CDMA、小灵通、PHS 等）；

（4）宽带卫星通信（包括 VSAT、DBS 等）；

（5）无线固定通信网（LMDS 等）。

有线电话网络 PSTN，又称公用电话交换网，遍布各个建筑物和公共场所，主要应用于语音通信和传真。一般来说，整个园区配置自己的程控交换机，用户终端为电话机和传真机。有些大型企业自己配置程控交换机，有些企业的有线电话直接成为电信局的虚拟模块局。

除了用于语音通信和传真外，园区用户利用有线电话网可以连接 ISP，访问因特网。用户终端配置电脑可以 56kbit/s MODEM 或 xDSL 方式通过电话线访问因特网。用户终端（电话机、传真机、电脑）可以通过电话线获得电信运营商的综合服务数字网（ISDN）服务，ISDN 能提供上行 64kbit/s，下行 768kbit/s 传输率服务，不仅能够满足园区用户对话音、数据（例如因特网访问）服务的需求，而且可以获得一定程度的视像（例如视频会议等）服务。

在园区中，用户广泛应用移动通信网，目前包括 GPRS、CDMA、小灵通、PHS 四种移动通信网。移动通信网除提供给用户语音通信和传递短消息外，对于 GPRS、CDMA 来说，又能提供给园区用户因特网接入，目前访问因特网的数据传输率可达到 100kbit/s 以上。为了确保通信稳定性，在较大的园区内可以设置基站；在园区的楼宇中，需要配置无线信号增强系统。小灵通目前限于本地的移动通信应用；PHS 则用于园区内部专用的保安移动通信或专用的业务移动通信。

宽带卫星通信又称多媒体卫星通信，即通过卫星通信进行数据、语音、图像、视频的处理和传送。对卫星通信来说，每秒几十兆位的传输率就认为是宽带了。由于卫星通信的特点和技术上的成熟性，园区用户通过卫星通信访问因特网，获得 IP 业务具有很大的发展空间。园区配置卫星通信系统既可以弥补地面网络访问因特网带宽的不足，又可互为冗余备份，增强因特网接入的可靠性。

目前绝大部分卫星通信系统是用于因特网和增值服务的甚小地球站（VSAT）系统，VAST 系统一般由主站、卫星和许多地面小站组成，主站和小站可以组成星型、网状或星网结构。另类系统称直播卫星（DBS）系统，目前常用的是数字 DBS。在 DBS 系统中，用户使用较小的固定卫星天线（0.5～1m），可以直接接收卫星信号。数字 DBS 系统具有质量高、容量大、能提供多媒体业务等优势，在全球蓬勃发展。

利用 DBS 接入因特网包括卫星广播传送方式和传统的因特网下行链路两种方式。

（1）卫星广播传送方式：该方式基于直播卫星数据广播和因特网数据推送技术。因特网内容提供商将信息按特定方式进行分类，根据统计结果将共享性高的信息推向卫星予以广播，用户以订阅的方式接收卫星信息。这种方式有助于在固定时段将图形、视频、音频信息下载。

（2）因特网下行链路方式：该方式类似于传统的因特网访问方式。用户终端是一台 PC，并配置了卫星接收天线、综合接收机/解码器（IRD）、卫星接口单元（SIU）和调制解调器（MODEM）。用户的上行数据由 MODEM 通过因特网服务提供商（ISP）访问因特网。因特网下行信息经由卫星网关（SGW）将视频、音频和数据复用在一起形成多媒体信息流，通过卫星信道适配器后发送至卫星。用户 PC 和 TV 上就能接收到该多媒体信息流。根据 SGW 端复用方式不同，因特网下行数据率可达 2～30Mbit/s。

本地多点分配业务（LMDS）是上世纪 90 年代后期发展起来的热点技术和系统，该系统工作在微波频段的高端 20～40GHz，在较短的传输距离（3～10km）内实现了点到多点的微波传输，支持 TCP/IP、MPEG2 等标准，可提供园区双向多媒体信息服务，例如视频会议、VOD、因特网宽带接入等。

LMDS 系统是一个从用户终端到核心网络的接入平台，组网方案相当灵活。一个完整的 LMDS 系统是由核心网络、基站系统、用户驻地设备和接口模块、网管系统四部分组成。用户接口模块通常采用直径 30m 的室外定向天线就可满足要求。

2.1.4 卫星及有线电视网络

在整个园区，卫星及有线电视网是必不可少的网络，它的终端遍及园区各个企业、会所和住宅。电视网支撑的常见的应用包括如下几个方面：电视节目接收、因特网信息服务（VOD 视频点播和园区公用事业信息服务等）。

1. 互联网节目源

园区内的卫星及有线电视节目的内容来源包括以下三个方面。

（1）有线电视中心传送的节目，通过广电网络公司光缆把节目送入园区有线电视播控机房。园区中有线电视用户端接口数量是很多的，一般可达数千个。电信网的前端系统要具有综合性的功能。干线采用光缆和同轴电缆（从有线电视机房到各楼宇、楼层弱电房），通过放大器和分支分配器送往各用户终端。系统采用 860MHz 带宽邻频双向传输网络，放大器和无源器件选均用双向器件。系统应具备可扩展性。

（2）卫星接收系统：收取卫星节目频道信号，将接收到的 6～8 套卫星节目复用成一路数字信号（启用 1 个模拟频道播出），加扰调制后送入机房前端混合器。数字卫星接收系统接收 ASI 视/音频信号，每路 ASI 包括 1 路视频和 1 对音频（1 路立体声），音频码率：192kbit/s，视频码率：平均约 5Mbit/s。园区中各个企业、会所和住宅根据自身需求从卫星接收节目。

（3）园区内配置 VOD 系统，自办节目播送。采用录像机、影碟机映放。制作的视音频节目，通过压缩制作成数字视音频文件，格式可以是 MPEG-1、MPEG-2、MPEG-4 等；系统应支持加密录制，将节目码流连同 ECM 码流一起录制下来，存储成文件放于加扰节目库；从 VCD、DVD 盘片或 Internet 等途径直接获取数字视频文件，或者进行重新编码和剪辑后使用。

上述三部分节目源信号经混合器混合后，送入园区有线电视分配系统（前端），在各收视终端通过相应的接收设备来接收前端发出的节目。

2. 主要技术指标与功能要求

（1）应用电视图像双向传输网络，可方便将来扩展视/音频点播系统、电视会议系统，多功能厅、接待室以及网上电视点播和近远程会议电视传播的接入。

（2）广播（开路）电视、调频广播、卫星电视，其接收天线均设在顶层。

（3）组网设计应考虑未来发展趋势，对系统网络的覆盖范围、基本模式与结构、传输方式以及传输电缆的选择等方面进行优化，以便能为构建宽带化、数字化多媒体、多功能的双向传输的有线电视综合信息网络系统提供一个物理平台。

（4）传输方式：系统采用 860MHz 带宽邻频双向传输网络。

（5）系统模式：园区有线电视机房和卫星接收机房可以设在某个建筑物的屋顶，也可设于园区专用区域内，将所有电视信号源在此汇总调制混合后传输到电视用户端口。

（6）系统的载噪比≥44dB、载波互调比≥58dB。前端、干线和分配部分的上述主要性能指标的分配系数应符合独立前端系统性能指标分配系数。

（7）系统输出口电平设计值：电视信号取 73±5dB；立体声调频广播信号取 65±5dB。系统输出口频道间的电平差应小于 2dB。

（8）系统输出口频率间载波电平差：任意频道间≤10dB，相邻频道≤3dB，频道频率稳定读数±25kHz，图像/伴音载频间隔稳定度为±5kHz，用户电平要求 64±4dB，图像清晰度应在四级以上。

（9）有线电视系统，下行模拟电视频率数应大于 59 个。

（10）干线传输和分配网络：干线传输质量指标符合有关规定；分配网络结构优先采用分配—分支或分支—分支方式。分配器的空余端和最后一个分支器输出口，必须终接 75Ω 负载。

（11）用户终端口采用5～1000MHz，TV/FM双孔插座，暗埋。

（12）设备、部件及材料的选择：

产品性能应符合现行有关标准的规定，属优质名牌产品。选用的设备和部件的输入、输出标称阻抗、电缆的标称特性阻抗均应为75Ω。

应与本系统传输方式匹配，采用860MHz广播级邻频调制器和干线双向传输放大器；系统设备、部件与器材均选用隔离度和邻频特性高的产品。

电视电缆主干线采用四层屏蔽聚乙烯物理高发泡同轴电缆，可达1GHz。

（13）设备可靠性：有源设备平均无故障工作时间（MTBF）>1.8万h；无源设备（分支器、分配器、混合器等）MTBF>2.6万h；平均修复时间在有配件时，不大于2～3h。

2.2 信息网络组成与主要性能

2.2.1 组成

信息网络是一种基于以太网和TCP/IP协议的数字网络。整个网络一般采用星型拓扑结构。整个园区内的各个企、事业内部，其信息网络的结构和实施是有区别的。分别说明如下。

1. 内网和外网

信息网络系统包括内网和外网两种类型，而内网又分为一般内网和涉密网。内网之间、内网和外网之间的物理隔离与综合布线系统设计一并考虑；内网和外网上的全部信息点位也必须与综合布线系统设计一并考虑。

2. 无线网络

无线网络包括了无线局域网、无线干线网、无线接入网等，以及有关设备和设施的软硬件配置、选型。在园区和企、事业内部，无线与有线两类网络是相互补充的。

3. 互联网接入

互联网接入包括互联网接入部分的物理结构，以及其上的服务器、交换机、防火墙、路由器等设备的配置、选型和连接。

4. IP地址分配

IP地址分配的合理规划是网络总体设计中重要的组成部分，特别对于规模较大的网络系统，IP地址规划是否合理直接影响到网络的性能、网络的管理以及未来的发展。IP地址分配要与网络层次结构相适应，既要有效地利用地址空间，又要考虑到网络的可扩展性，同时要满足多种路由策略的要求，还要兼顾网络地址的可管理性。

IP地址分配方案一般包括纯公网地址、纯私网地址和混合网络地址三种。在选择网络设备时，特别是路由器和 L3 交换机，必须注意 IPv6 的升级。

5. 网络中心

包括建筑用房（机房）平面布局、机房内网络设备的配置、选型和布局。

网络中心内涉及的网络功能包括网络运行管理、网络信息管理、网络安全监测、因特网数据中心四个方面，对于中、大规模的园区，四种功能的人员分工及其设备配置明确；对于规模较小的园区，一般不设互联网数据中心，网络中心其他功能必须要有相应的人员和设备配置。

2.2.2　主要性能

1. 网络的传输率

对于园区主干网来说，选择千兆位以上的传输率是比较合适的，实现万兆位主干网在大型园区中也是比较合理的。对于以太网，可以利用聚合链路来实现数千兆位传输率的主干网，并大大提高了链路传输的可靠性。对于用户端来说，一般选择 10M/100Mbit/s 以太网连接。若主干选用 SDH 环路结构，传输率也可达到千兆位。

2. 网络的可靠性

包括链路连接、设备（交换机、路由器、服务器、数据存储等）通常采取冗余备份和容错等可靠性技术来保证网络系统的可靠性。这些可靠性措施不仅在系统上采用，而且在重要的设备中采用。在一般重要的内网上，要求无单点故障，则要求主干网和下层连接主干网的链路、核心交换机、主服务器、数据存储等设备采取冗余备份可靠性措施。

3. 网络的安全性

包括防火墙、入侵检测、漏洞扫描、抗病毒、身份认证、访问权限、虚拟专网、加密传输、数据备份、物理隔离等安全技术和解决方案，在解决方案中包括了有关产品、设备、设施的配置、选型和连接。在整个园区中，必须建立完整的信息安全体系，不仅包括了上述的安全技术和解决方案，而且还包括了网络使用人员的安全教育和管理。

4. 网络的可管理性

网络可管理性包括网络管理站的软硬件配置、选型和连接，以及对网络管理软件的选择。网络管理是对网络系统运行状态的监测和控制，具体功能包括性能管理、配置管理、故障管理、安全管理和计费管理五个方面。管理的对象涉及到网络上各种软硬件设备和资源。

2.2.3　网络应用技术

1. 服务分类/服务质量（CoS/QoS）

多种类型的信息流（包括数据、语音、图像、视像、监控等）在交换网络上传输时，交换机与路由器需要分类这些信息流，并实现优先级排队。IEEE802.1p 为服务分类 CoS 的标准，该标准提供了 8 个优先级别；对不同的信息流，交换网络要给以不同的服务质量，要求交换机和路由器的每个端口速率可调节，并支持 MPLS 实现 IP DiffServ 与 Traffic Engineering、RSVP 等协议。

2. 虚拟局域网（VLAN）

在一个物理局域网上，按需要可以划分多个在逻辑上相互隔离或连接的虚拟局域网。物理网络上有关的交换机和路由器必须能实现虚拟局域网功能，支持虚拟局域网的数量至少 256 个。虚拟局域网的标准为 IEEE802.1Q；划分虚拟局域网的依据一般采用基于端口、基于 MAC 地址、基于 IP 地址或基于更高层协议等技术；按需要，也可采用某些特殊的技术来划分虚拟局域网；允许网络上某一区域划分到多个 VLAN 中，也支持一个 VLAN 建立在多个交换机和路由器上；支持通过策略服务（Policy Service）来管理 VLAN。

3. 组播（Multicast）

对于某些网络应用，需要实现信息流的组播，要求交换网络支持 IP MultiCast 路由技术，并提供组播组的数量。

2.3　数字工业园区宽带主干网络平台建设

2.3.1　目标与需求

对于规模较大的工业园区来说，地面上的建筑，特别是一些高层建筑均属于不同的业主，且在不同时期建造的，因此这些建筑中对于弱电系统的要求是不可能一致的。许多工业园区还包括了规模不等的地下建筑。地下建筑通常为停车场、商场、机房、配电室、配线间、走线廊等。地下建筑弱电系统可以是公用或部分公用，也可以专属某个地面建筑。

与单体建筑比较，园区数字化系统的功能要复杂得多，除了各个不同的单体建筑外，还有很多公共区域的建筑；既有地上建筑，又有地下建筑；既有楼内，又有室外。从功能来说，虽是这些常规的系统，但是与单体建筑不同的是必须从整个园区的高度来考虑，在园区中，多媒体信息服务以及综合集成和管理的需求会比较突出，且显得格外的重要。

网络平台是基础设施，既包括硬件设备（布线系统、控制器、交换机、分线器、服务器等），也包括系统软件（操作系统、数据库、网关软件等）。网络平台目前均基于 TCP/IP 以太网，配置了各种服务器，支撑了众多的应用子系统。

总之，随着 IT 发展，数字化技术和产品渗透到各个方面，改造和发展了传统的建筑智能化系统。目前，TCP/IP 以太网不仅是信息应用的网络平台，而且也是监控应用的网络平台。从发展来看，TCP/IP 以太网又会支撑数字通信应用。这样就构成了中央集成管理平台。

2.3.2　园区数字化系统结构

园区数字化系统的结构特点是分层结构，包括基层、接入层和主干层三个层次。其总体结构如图 2.2 所示。

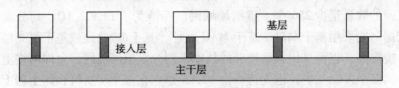

图 2.2　园区数字化系统总体结构

1. 基层

基层数字化系统包括以下两方面内容。

一方面是单体或几个单体组成的建筑，称单体建筑。这些建筑往往是企业研发中心、生产厂房、综合性办公大楼、写字楼、宾馆、酒店等。其数字化系统包括了通信、楼宇自控、安防、综合布线与网络、一卡通、集成等系统。

另一方面是园区公共区域的建筑，这些建筑包括室外休闲场所、商场、娱乐健身中心、道路交通、停车场、各类机房（动力能源、给排水、控制中心、通信、信息中心等机房）、仓库等。一般情况下，园区的地下建筑均为公共区域。公共区域的数字化系统同样包括了通信、楼宇自控、安防、综合布线与网络、一卡通、集成等系统。

不论是单体建筑，还是公共区域建筑，两者的数字化系统是互相关联的，两者必须在主干层统一的支撑平台实现集成管理，以满足整个园区综合集成和管理的要求。例如防盗报警，尽管各个单体楼以及公共区域中的防盗报警系统是独立配置的，但是它们必须集成到统一的报警中心，当某个局部地区有了案情，整个系统就会响应，因而从整个园区来采取措施，实现报警和有关系统的联动，进行及时和有效的处理。

2. 主干层

主干层数字化系统包括园区光纤宽带网、中央集成管理和监控、数据中心 IDC、其他应用系统等。

（1）在主干层配置了中央集成管理站和相应的服务器，实现下述的中央集成管理和监控功能：

1）集中监视园区所有楼宇主要的楼宇自控信息；

2）集中管理园区楼内外、公共场所的安全防范和消防系统，并监视这些系统的主要信息；

3）集中监管园区一卡通、公共广播、公告牌显示系统；

4）集中监管各基层弱电系统的集成和联动情况；

5）与数据中心在一起，对园区的信息服务系统进行集中的管理和维护。

（2）光纤宽带网

光纤宽带网是整个园区的信息高速公路，光纤宽带网可以由千兆位以太网、无源以太光网 EPON、波分复用 WDM 光网或时分复用 TDM 光网等组成。它的任务既要实现整个园区内部的各类机房、IDC、各个单体建筑和公共区域建筑的信息连接；又要园区内部和外部（城域网和 Internet）连接的信息通道。在光纤宽带网上传输如下几类信息：

1）数据信息：基层客户访问 Internet/城域网、物业管理、系统集成等信息；

2）监控信息：基层和公共区域的控制、安防、一卡通、消防等信息；

3）多媒体信息：传输视频、话音、广播等信息。

目前的光纤宽带网技术已经可以实现园区的电话、电视、数据三种信息的融合。

（3）数据中心

在园区中要建设一个具有相应规模的数据中心 IDC。IDC 为园区内的各类企业客户提供如下的服务：

1）提供主机托管和虚拟主机的服务，有利于客户最大限度地降低固定资产投资、减少系统维护工作量，有利于园区数据的统一集中管理，以及视今后市场发展的需要开展新的增值服务；

2）提供高品质的机房环境、安全措施及技术支持；提供可靠的线路连接、高带宽的网络服务；

3）提供统一的内部信息服务和 Internet 信息服务。

数据中心的建设技术上要求先进、安全可靠，并配备具有较强的不仅能维护而且能开发的专业队伍，要能支持园区内包括数据、话音、图像、视频、传真等在内的综合业务，也可以满足园区内部某些企业信息应用的特殊需要。一般来说，园区 IDC 具有如下的具体服务（包括增值服务）内容：

1）主机托管：客户系统的服务器配置在 IDC 的机房中，由 IDC 来进行维护、管理；

2）虚拟主机：客户系统中不自己配置服务器，而使用 IDC 机房提供的服务器，或者使用 IDC 服务器的部分硬盘空间；

3）ISP/ICP：IDC 作为 Internet 服务提供商，为客户提供 Internet 接入服务；又可以作为 Internet 内容提供商，例如可作为客户系统的虚拟网站。

根据发展需要，园区 IDC 可以提供的主要增值服务内容如下：

1）共享主机服务：多个客户使用同一个 IDC 虚拟主机；

2）Load Balance 系统：当大量的客户访问 IDC 时，就要求 IDC 实现负载均衡的功能。主要包括服务器负载均衡和防火墙负载均衡；

3）Web Caching 服务：当客户访问外部服务器内容时，IDC 可实现内容访问加速的功能；

4）电子邮件系统：IDC 可提供电子邮箱服务，进行电子邮箱出租；

5）DNS 及域名解析系统：IDC 要提供开发区网络的域名解析系统的功能。并能开展客户域名系统的业务；

6）数据库系统租用平台：IDC 提供给客户系统数据库出租平台；

7）数据存储、备份、容灾：IDC 能够对客户系统的数据进行存储、备份和容灾，保证客户数据的安全性；

8）VPN/VPDN 服务：IDC 通过其接入服务器、网络设备及相关软件提供给客户虚拟专用网（VPN/VPDN）业务；

9）ASP 服务：ASP 为应用服务提供商，ASP 服务即 IDC 能为客户提供应用系统设计和开发的业务；

10）安全服务：针对不同客户对信息安全的需求，IDC 能够量身定做安全服务的设计和实施，包括安全审计、安全防范、安全系统集成、安全规范设计等；

11）CRM 和 Call Center 租用服务：IDC 为企业提供客户关系管理 CRM 和呼叫中心 Call Center 的功能等等。

3. 接入层

接入层实现了基层弱电系统与主干层的连接。由于园区对基层的要求是：不论是单体建筑还是公共区域的弱电系统，每个系统必须成为一个单独集成实体，即每个系统分别在 TCP/IP 以太网上构成具有集成功能的数字化系统。而主干层恰恰也是基于 TCP/IP 以太网的数字化系统。接入层的作用就是把基层和主干层两者的数字化系统实现硬件和软件的连接。如图 2.3 所示。

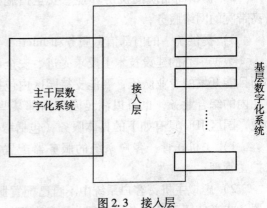

图 2.3　接入层

2.3.3 园区数字化系统集成

对于园区，系统集成和综合管理是重要的功能，也是区别于单体建筑最明显的特点。

1. 集成系统逻辑结构与物理结构

园区集成系统逻辑框架如图 2.4 所示。主干网连接了各个单体建筑以及公共区域的各个子系统。每个单体建筑与主干网的接口点应该是统一的，且是符合标准的；公共区域的各个子系统与主干网的接口点也是如此。但是两者在物理上实现是不同的。

由主干网所支撑的中央集成管理系统（包括中央集成管理站和主干层服务器）对整个园区的所有单体建筑弱电系统和公共区域弱电子系统进行综合性的集成管理。

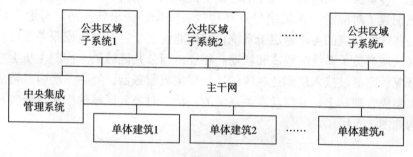

图 2.4 园区集成系统逻辑框架

2. 对单体建筑的中央集成实现

对于基层的单体建筑，针对不同的弱电系统所构成的集成系统，即 BMS 或 IBMS，中央集成实现的结构和过程大致是相同的。在基层数字化系统上，基层各类服务器包括了集成、楼控、安防、一卡通、消防等服务器。基于 TCP/IP 的主干层上，监控管理人员通过中央集成管理站进行监管，中央集成管理站的监管信息经主干层上的集成服务器通过网络交换机连接了相应的单体建筑集成服务器，再由单体建筑集成服务器连接有关的子系统服务器（包括楼控、安防、一卡通、消防等）；也可以监控管理人员通过中央集成管理站直接访问某个单体建筑集成服务器，继后连接有关的子系统服务器。相反，当在某个单体建筑中产生报警信号时，报警信号经相关的子系统服务器（可能是安防服务器或消防服务器）连接了单体建筑的集成服务器，经接入层进入主干层集成服务器，最后反应在中央集成管理站上，并启动有关系统的联动。对单体建筑的中央集成实现的逻辑结构如图 2.5 所示。

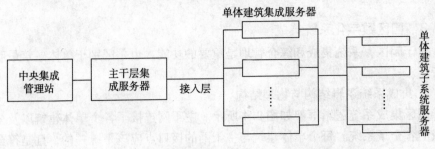

图 2.5　单体建筑中央集成实现的逻辑结构

3. 对公共区域的中央集成实现

对于公共区域，则与单体建筑不同，由于公共区域地域较广，涉及弱电子系统的类型不会少于单体建筑，由基层以太网交换机连接了公共区域中所有相同的子系统，即基层以太网交换机分别连接了公共区域相同子系统的控制主机。在主干层上配置了对应的子系统服务器（楼控、安防、一卡通、消防等服务器）以集成公共区域相应的各个基层子系统，继而能使主干层上的集成服务器方便地实现公共区域有关子系统的集成和联动。相反，当公共区域某个控制主机上接收到异常情况，则通过接入层到达相应的主干层集成服务器，经主干层服务器后反映在中央集成管理站上，并启动有关系统的联动。对公共区域的中央集成实现的逻辑结构如图 2.6 所示。

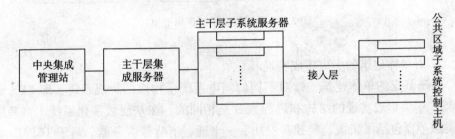

图 2.6　公共区域中央集成实现的逻辑结构

4. 综合集成管理

以上分别讨论了对单体建筑和公共区域的中央集成，但是更重要的是实现整个园区的综合集成管理，综合集成管理实现的逻辑结构如图 2.7 所示。中央集成管理站通过主干层集成服务器对各个单体建筑和公共区域的数字化系统进行综合集成管理；主干层集成服务器汇集了单体建筑和公共区域两路的信息，实现了综合集成和联动；在单体建筑或公共区域内的客户通过接入层直接访问主干层的信息服务器或者经主干层 Internet 服务器访问 Internet 或城域网上的信息资源。

5. 系统集成设计的一些基本约定

（1）IP 网络平台基本约定

IP 网络平台从主干网延伸到基层，在系统集成设计时，主要包括如下约定的内容。

1）主干网技术：主干网是一个基于光纤的宽带网，目前在园区的环境中，可以选择千兆位以太网、万兆位以太网、无源光以太网 EPON、TDM 光网或 WDM 光网等。不同的网络技术决定了不同的接口方式。

2）IP 地址分配：必须在设计时就要确定整个园区数字化系统 IP 地址分配。

3）外网/内网/专网：在园区数字化系统中必须区分内网、外网或专网，设计时必须统一进行考虑。

4）路由管理：涉及到基层与主干网的连接方式，即接入层的结构。接入层可以是 L2 的交换技术；也可选择 L3 的路由或交换技术；也可选用网关或数据库的连接技术。不同的接入层结构，路由管理是不一样的。

5）网络汇集点和机房的设置：网络的汇集点与机房位置往往是对应的，由于在园区中，包括了三类网络（信息网络、通信网络和监控网络），因此具有数据中心（或网络中心）、通信中心和控制中心之分，而且还包括各个分区的各种中心的设置问题，必须在设计时要统一考虑。

其他还包括计算模式、服务器类型等的约定和统一考虑等方面的内容。

（2）集成管理模式约定

在设计开始时，必须确定系统的集成管理模式，必须分别考虑基层和整体两个层次的集成问题。基层一般实现 IBMS 集成模式，也可只实现 BMS 即可，但是对于园区数字化系统的整体来说，则是 IBMS。

对于集成技术，是选用传统的 OPC 技术，还是选用其他传统技术（例如 ODBC、网关等集成技术），或者采用先进的"网络控制引擎"技术，甚至采用"融合"技术也是必须要事先约定的。

（3）其他约定

集成和联动方式的约定，以及系统安全基本约定等。

2.3.4 园区宽带主干网络的物理结构

园区宽带主干网络一般具有传统的 SDH 环路、万兆位以太网和以太网无源光网 EPON 三类物理结构，其中以太网无源光网 EPON 目前较多用于多网融合的接入网中。

1. 传统的 SDH 环路结构（如图 2.8 所示）

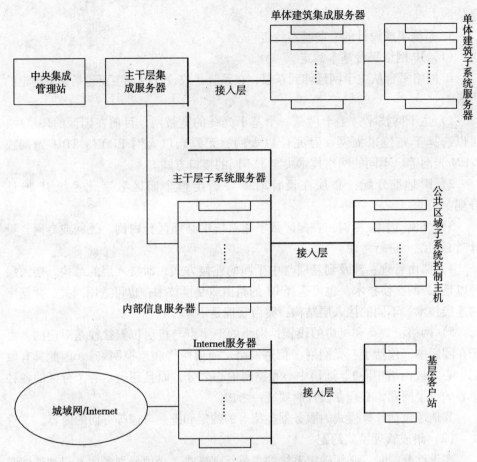

图 2.7　综合集成管理实现的逻辑结构

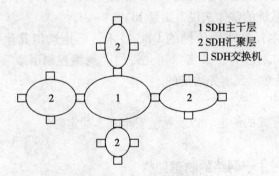

1 SDH主干层
2 SDH汇聚层
□ SDH交换机

图 2.8　SDH 环路结构

2. 万兆位以太网结构（如图 2.9 所示）

3. 以太网无源光网 EPON 结构（如图 2.10 所示）

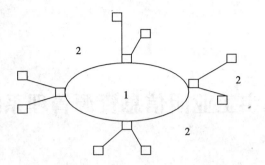

图 2.9　万兆位以太网结构

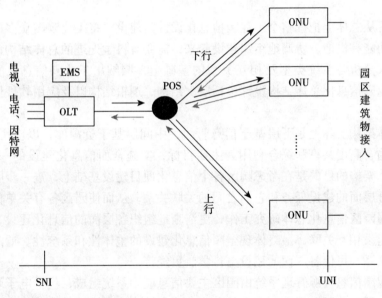

图 2.10　EPON 结构

3 数字工业园信息资源管理系统工程

3.1 工业园信息资源管理系统体系结构

为了从总体上把握整个工业园信息化设计与建设，将工业园内众多的信息化系统和功能有机地、协调地组织建设起来，需要有科学先进的总体结构设计，在全面深入分析各系统类型及相互关系的基础上，归纳出工业园信息化的总体架构。工业园信息化总体结构设计包括层次结构、逻辑结构以及应用软件体系结构的设计。

总体架构实际上是下层基于信息管线，中间层基于资源库，以应用为核心、宽带传输、高度共享和综合利用为主要目标，实施全面信息化建设的一种概括。研究总体架构的目的是在考虑园区各个信息化项目建设基础上，进一步明确园区信息化分层面的建设任务和它们之间的关联关系，从而使园区各有关单位有针对性地加强园区信息化总体研究工作，更清晰地组织各层面的信息化建设，并使各层面的建设相互关联，最终体现全园信息化建设的整体性和系统性。通过各层面的关联关系，可使各层面的建设更科学、更经济。

工业园信息资源管理系统由园区主要信息应用系统组成，包括电子政务管理平台、电子商务服务平台和综合信息服务平台等。这些应用系统和工业园区各企业信息化系统相结合构成园区信息化的主体。工业园信息资源管理系统应依据园区信息化总体架构的思想进行系统建设，同时通过这些系统的建设推动科学合理的总体架构的实现。

3.1.1 七个层面的层次结构

工业园信息化建设的整体架构应划分为七个层面，并按一定的顺序从下到上组织在一起，如图 3.1 所示。

关于图 3.1 的若干说明如下。

（1）底层是集约化信息管线，即全区的综合管路系统和结构化综合布线系统，主要包括区内的光纤通信和语音通信系统。信息管线的建设是全区数字化的基础建设，是信息传输的介质，是向园区提供的最基础的服务。

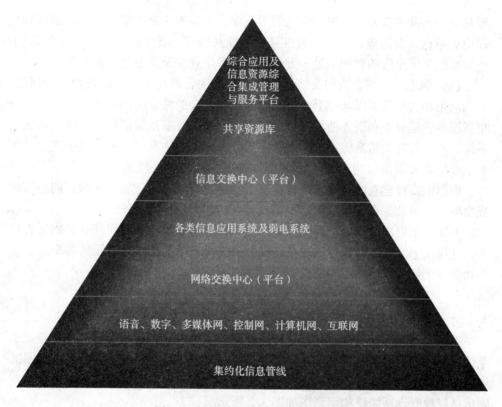

综合应用及
信息资源综
合集成管理
与服务平台

共享资源库

信息交换中心（平台）

各类信息应用系统及弱电系统

网络交换中心（平台）

语音、数字、多媒体网、控制网、计算机网、互联网

集约化信息管线

图 3.1　工业园信息化系统建设层次图

（2）第二层是统一的基础通信网络系统，既包括传输语音、数字和多媒体网络，又包括互联网、计算机网络以及各种弱电控制系统的网络。基础网络系统是信息传递的载体，也是信息化系统赖以建立的基础。

（3）第三层是网络交换中心。全区根据不同业主的需要和不同应用的要求将会建立多个局域网；工业园与外界的联系也会与多种网络打交道。为了实现多个网络的互联互通、交换信息，需建立网络交换中心。交换中心的作用是实现不同网络的物理联接、安全控制、路由的管理以及流量计算和费用结算等。

（4）第四层是各类信息应用系统。各类应用系统是指电子政务、电子商务和综合信息服务系统；基于宽带网的多媒体应用系统；基于控制网的弱电系统，包括 BA、SA、FA 以及智能交通等系统。

（5）第五层是信息交换平台。随着各种应用系统互联的需要，例如一站式审批系统，往往要在不同应用系统甚至是异构的数据库之间交换信息，此时需要建立交换平台。交换平台的主要功能是完成跨平台的数据转换、交换、管理、存储、查询以及统计分析等功能。

（6）第六层是共享资源库。对于全区公用的各种数据、图像等信息，有必要建立一些共享资源库，例如全区的 GIS 库、人口库、企业信息库、产品库和监控历史信息（含图像）库等。通过身份认证及授权，各个用户可使用这些信息，一方面服务于全区的管理，另一方面服务于各个业主及企业的业务拓展。

（7）第七层是综合应用及信息资源综合集成管理与服务。在各种不同网络、不同应用和共享资源库基础上，可进一步组织复杂的综合应用和服务系统，实现更高层的管理业务和服务功能。包括园区综合交通导航系统信息、园区综合安防系统、园区综合消防系统以及网上医疗系统、网上购物系统等等，这类应用基于多个数据库和多个应用系统之上建立，通过多种通信手段向用户提供服务。同时，根据需要可建立面向全园区的信息资源综合集成管理与服务平台，向全园区提供整体管理和综合服务，包括决策支持在内的人工智能服务。

上述七个层次的划分，各个层面都是相互关联的，相互之间既有区别又有联系，从层次上组成一个整体。七个层面的提出，有助于指导划分园区各个系统建设和整体上规划整个项目的建设。

3.1.2 三大平台的系统结构

工业园信息资源管理系统总体可概括为"一个中心、三个平台及各个专业子系统"，一个中心指工业园信息资源综合集成管理与服务中心，三个平台指园区统一信息资源管理平台、园区公共信息交换平台和园区综合信息服务平台。工业园信息资源管理系统结构示意图如图 3.2 所示。

由图 3.2 中所示，工业园作为一个数字化的工业园区建筑群，其数字化建设应包括各类建筑（含道路）智能化系统的建设，各种现代通信系统的建设以及基于互联网和园区专网的各项信息化应用系统的建设。三大类系统分别集成构成建筑智能化综合集成管理及服务平台、通信网络综合集成管理及服务平台和信息应用综合集成管理及服务平台，最后总集成构成数字化园区综合管理及服务平台，形成整个工业园信息化的顶层系统。

1. 建筑智能化综合集成管理及服务平台

工业园在智能化建设方面包括公共建筑和单体建筑的智能化，智能化系统包括了楼宇自控系统、安全防范系统、消防报警系统、背景音乐及公共广播系统、交通管理系统、平台支撑集成管理软件系统、机房监控系统等子系统的建设。基于这些系统，建立智能建筑综合集成管理及服务平台，实现在统一平台下的楼宇自控、安防、消防、交通和广播系统相关信息的集中采集、监视、控制、分析与管理功能。并在通信网络的支持下，提供跨系统的区域级联动和全局管理及应急处理功能，提供数据和图像的共享服务，构成跨网管理和服务的多种应用。最终达到整个系统统一、先进、方便的一体化管理，保证全区安全、舒适的环境，节约能源，减少维护人员及其工作量。

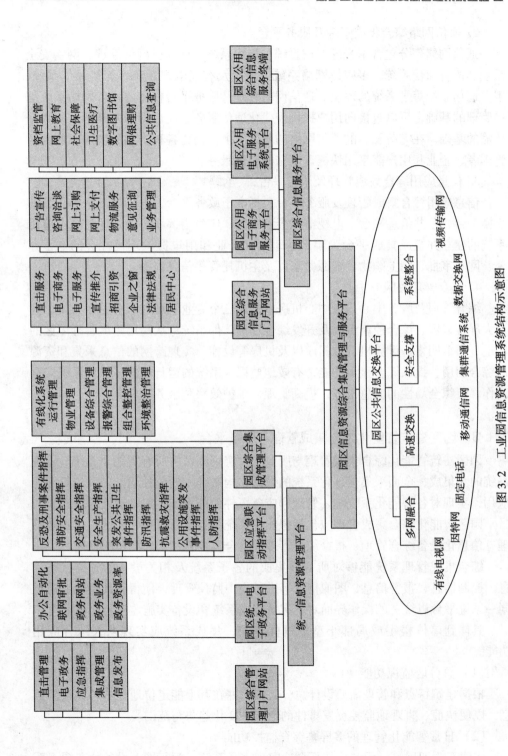

图 3.2 工业园信息资源管理系统结构示意图

2. 通信网络综合集成管理及服务平台

通信网络部分包含了光纤通信系统、机房系统、计算机网络系统、网络安全系统、语音通信系统、多媒体网络系统、卫星及有线电视系统、无线通信系统、卫星通信系统等子系统的建设。通信网络管理及服务平台在实施对各网络系统统一管理的基础上可以直接向用户提供现代化通信服务。通信网络是其他系统数据传输的基础，在完备发达的通信网络的基础之上，构建各种类型的应用，使园区管理者、企业和用户能享用快捷、丰富的增值服务。

3. 信息应用综合集成管理及服务平台

信息应用综合集成管理及服务平台包括电子政务平台、电子商务平台、数据交换平台、公共信息平台、电视电话会议系统、应急指挥系统等，通过各类应用系统的建立并组成集成平台为园区管理者、企业和用户提供现代社会的电子办公、网上审批、网上购物、资源共享以及主机托管等信息服务。

4. 综合管理及服务中心

综合管理及服务中心是在中心机房中构建三个专业管理与服务平台系统，建设大屏幕显示、综合控制台以及开发综合管理软件系统，从高层角度管理园区的弱电、通信网络、计算机、数据库以及机房等设施，实现跨网的信息采集和资源的综合利用，提供综合显示功能，有效地监视全系统的运行状态，保障系统安全工作，组织全局性的应急指挥，提高管理、维护效率和服务能力。

3.1.3 园区建筑智能化综合集成管理与服务平台

园区建筑智能化综合集成管理与服务平台实现园区内所有智能化系统、管理系统的大集成，全面采集信息化系统的数据，构造统一的监控功能，并进行综合应用，实现对各智能化系统统一管理和应急事件的跨系统预案联动处理。

园区智能化综合集成管理应包括智能化系统综合运行管理、园区整体物业管理、信息化设备综合管理、报警综合管理、组合监控管理和环境监测管理。

综合集成管理系统能够对所有被集成的各子系统及相关设备的各类状态信息、控制信息、报警信息、图像信息等进行集中监控管理，使得管理者能够通过同一系统平台以统一的操作界面对所有被集成系统和设备实施监视与控制管理。

具体到单体楼宇或局部小型的群体建筑，集成系统应实现八大综合应用功能。

（1）总分区监视功能

根据建筑特点和管理需要设计总分区图，并在其上能定位地显示各类报警信息，以便快捷、直观地监控突发事件的地点、变化趋势与范围。

（2）日常智能化管理的多屏幕综合监控功能

构建至少四屏幕显示与操作平台，实现多子系统（运行图、设备状态图、系统图等）的综合显示及多区域综合显示的管理功能。

（3）重点区域跨系统联动处理功能

根据建筑特点与功能划定重点管理区域，通过编制消防、安防及重大设备报警处理预案库，有效地组织分区内各弱电子系统资源，实现对报警事件的跨子系统联动处理及更大范围的逻辑关联分区及全局分区联动操作功能。

（4）特殊区域及特殊系统的综合监控管理功能

针对建筑物的特殊管理区域（如大型设备间等）及特殊系统（如停车场系统、电梯系统等），能有效地根据建筑特点及系统管理特点，组织各子系统的系统资源，实现综合监控管理功能。

（5）设备档案管理和维护功能

针对建筑内各子系统的主要设备，构建设备故障查询、设备档案记录管理、设备维护记录管理及带预案处理的设备故障维护操作等功能。

（6）智能建筑规范性管理监控功能

系统能提供管理计划设定、计划执行监督的功能。为规范操作人员的操作行为，系统能设定相应的管理计划；系统能按时间、事件处理情况及人员操作执行的动作，进行有计划地自动记录，并提供违规报警提示及记录的功能。

（7）网上扩展功能

提供网上查询、网上维护、统计信息的网上显示等功能。

（8）系统演示功能

有效利用多屏幕显示资源，能对建筑物环境、弱电子系统的建设情况提供演示，需支持 .rm 的多媒体演示播放格式。

园区综合集成管理平台软件采用三层软件架构及 B/S 体系结构，全面基于 TCP/IP 网，按应用设计指导软件开发的模式，形成全面综合集成管理功能。综合集成管理软件应包括以下模块。

（1）基本运行模块

1）开发工具（Power Designer：PD）；

2）主监控终端程序（Control Console：CC）；

3）辅控显示终端；

4）应用服务器（System Kernel：SK）；

5）接口管理器（General Connector：GC）。

（2）综合应用模块

1）设备管理系统（Equipment Management：EM）；

2）网上功能扩展模块。

（3）通信应用模块

即时通信系统（TT Messenger：TM）。

3.1.4　园区通信网络综合集成管理与服务平台

园区通信网络综合集成管理平台实现对各网络系统统一管理、多网融合、高速交换、安全支撑及系统整合的功能，同时可以直接向用户提供现代化通信服务。

网络集成平台能自动发现网络拓扑结构和网络配置、事件通知、智能监控、多厂商网络产品集成、存取控制、友好的用户界面、网络信息报告生成和编程接口等。

网络集成平台采取集中模式建设，即机房集中、设备集中和管理集中。在园区数字化管理与服务中心统一安排程控机房、移动机房等。网络集成平台应包括如下管理系统建设内容：

（1）数字化网络管理系统；

（2）网络流量统计及计费系统；

（3）网络性能分析与检测系统；

（4）网络路由服务管理系统；

（5）网络边界路由管理系统；

（6）网络运行分析系统。

网络集成平台采用分布式的管理应用开发平台，既提供对计算机数据网的管理开发，也提供对网络管理应用开发的平台。

网络集成平台软件由三种基本的组件组成：可移植的管理接口（PMI）、管理信息服务器（MIS）和管理协议适配器（MPA）。

网络集成平台软件包括应用程序运行器、浏览器、发现工具、需求设计器、日志管理器、对象编辑器/浏览器、报警管理器、绘图器、配置应用程序工具和关系数据库录入后台程序。

3.1.5　园区信息应用综合集成管理与服务平台

园区信息应用综合集成管理与服务平台实现园区内电子商务、电子服务、门户网站和信息服务终端等所有应用系统的整合，全面采集各应用系统的数据，将各种信息进行整合利用，组合形成综合信息服务，提供服务功能。

信息应用集成平台实现电子办公、网上购物、资源共享以及主机托管等信息服务。平台建设包括：

（1）综合信息服务门户网站；

（2）园区电子商务服务系统；

（3）园区公用电子服务系统；

（4）园区综合信息服务终端系统。

信息应用集成平台软件采用 J2EE 架构，按服务功能模块化建设，提供综合信息应用服务功能的软件标准接口。

3.2　以电子政务为核心的园区信息资源管理系统

3.2.1　电子政务主要建设内容

电子政务建设应包括七大方面内容。

1. 通用办公自动化

功能主要有办文、办公、个人信息、公共信息以及机关的一般事务管理，这是各个部门都需要的。特别是上下级部门间的联网收发文的需要更为迫切。

2. 政务业务管理

政务部门各自都有主管的具体业务，这些业务处理的性质主要是业务数据采集、存储、统计查询、分析报表等。各个部门有许多项业务，政务业务管理系统的建立，可提高工作人员的工作效率，更主要的是可以提高机关纵向收集经济和社会信息、进行决策的能力。

3. 网上行政审批

园区政府或主管机关通过授予一些行政部门的专项审批权，向公众或企业发放各种证书、批文，实施相关行政事项的管理。审批项目包括工商登记、建设工程施工许可、通信管道建设与使用审批、社会团体成立登记等等。

4. 行政许可电子监察

对园区内各个部门各个审批项目的实施情况进行全程同步监控。从技术上实现一个产品化的"可查询、可监督、可评价"的全方位政务应用系统，并可通过本系统督促各政府部门梳理业务流程、规范业务行为的权限和时限、进行督察督办预警，进一步完善行政绩效评估机制。

5. 政务门户网站

功能主要是政务公开，向社会介绍本行业和地区情况，发布各项政策和法律法规，提供各种便民的服务。可将门户网站与网上审批相结合，向公众提供网上审批事项说明、表格下载、网上申报、网上预审、网上审批进程和结果查询以及网上投诉等功能。

6. 多媒体类特殊应用

这里指在政务应用中的视频点播、视频（电视电话）会议以及园区三防监控、交通监控、应急指挥系统等专业系统。

7. 园区共享资源库

按照国务院信息化领导小组的指导意见，从速建设的四大数据库有：人口基础数据库、法人单位数据库、自然资源和空间地理基础数据库、宏观经济数据库。当然还有许多其他的专业数据库。

3.2.2　电子政务的整体设计

所谓"整体"有两种含义：一是功能上的整体。城市级电子政务建设内容归纳为七个大的方面：即统一的政务门户网站、多部门统一的办公自动化、各部门业务管理、以行政服务中心为核心的网上审批、行政效能电子监察、综合资源数据以及城市应急指挥等特殊系统。针对园区的政府，特别是对于前五个方面应该推广"整体设计和系统建设"的模式和理念，并且现在已具有较成熟的包括平台型和原型级应用软件的综合集成方案。如办公自动化可用"核心＋定制＋选件"的方案适应多部门应用；网上审批和电子监察系统可通过推出一体化的应用平台来构建；百分之七十的部门业务管理应用可以通过政务业务开发平台来自动生成等等。这样一来，就可以实现第二个整体，即几十个部门统一建设。

在"整体设计，系统建设"情况下，通过总结整体电子政务平台和原型应用的综合集成系统建设方案，可将一个园区集中的电子政务系统的建设周期缩到最短开发时间只需三个月，推进应用时间为三个月，故只需六个月即可完成全系统的建设。建设开发费用也可以成倍地节省。

3.2.3　通用办公自动化系统

1. 建设目标

通用办公自动化系统应实现如下目标：

（1）建设适应于园区办公自动化系统要求的硬软件平台，以支持该系统的开发和安全可靠的运行；

（2）办公自动化系统模块及功能覆盖园区各政务部门的绝大部份工作内容，实现日常办公的全面网络化和电子化，改原来手工方式为计算机联网方式；

（3）建立统一的办公管理数据库，实现信息共享，提供复合查询和统计分析报表功能，提高政务部门辅助决策能力；

（4）连接现有的园区其他公文与信息传输系统，建设具有综合功能、全园区全面使用并覆盖全园区政务系统的统一的办公自动化系统。

2. 功能说明

通用办公自动化系统应实现"核心＋定制＋可选"功能模式，核心功能包括公文管理、办会办事、档案管理和系统管理，可选功能包括公共信息、个人事务、行政事务、通信扩展和集成接口，定制功能包括界面修改、事务提醒等。具体说明如下：

（1）公文管理

收文管理：对来自上级、平级和下级机关传递来的指令性文件（包括办件、阅件、传件），进行拟办、传阅、批示和办结归档等多种处理。同时方便以多种方式对文件进行查询，并与会议议题紧密结合。

发文管理：实现了经本部门发给上级、平级和下级机关的文件，进行拟稿、核稿、签发、分送等初级处理功能；实现了保留处理记录和文件修改痕迹的功能。同时，各单位根据工作需要可以自定义本单位发文流程，方便了各单位内部公文处理的灵活性。

传阅文：方便单位内部讨论事务、传阅文件而设立的模块，可实现机关公告通知信息、单位内部通知事务、传阅文件、跟踪签收情况、接收反馈意见等。

请示报告：用于完成"请示"、"报告"、"汇报"、"总结"、"请假条"等文件的审批过程，文件起草人及参与人可随时查看文件处理情况。

工作协作：加强各功能模块之间的文件联系，可完成协作、请示、询问和监督等方面的工作内容，适用性广。

（2）办事办会

会议议题：实现议题上报通知的发送与跟进、各单位议题上报、议题汇总、议题审批等多方面的功能，并实现了与办文的紧密结合。

会议通知：完成会议通知的起草、发送、签收状况的跟进，并能适时完成会议通知的变更、取消以及对应的情况通知与跟踪等功能。

会议资源：完成会议室使用状况的管理、查询，智能化的实现会议室分配工作，使会议室的分配更加合理，同时，实现了会议室需求变更、会议室安排变更、需求取消等多种情况下的处理方式。

公务交办：实现上下级或平级间相互的事务交办过程，并可对办理的结果进行跟进与评价。

（3）档案管理

对文书、人事、业务、声像和实物等资料提供登记、移入、归卷、在线查阅等归档管理，相关文件控制符合国家档案管理体系结构。

（4）系统管理

通过统一的系统管理界面，对系统的多个方面进行统一管理。包括工作权限的分配、组织结构的改变、人员的排位及工作内容的分配等等，使整个系统全面适用于多个单位的联合使用。

（5）公共信息

电子公告：用于发布新闻、海报和通知等公告类电子文件。各单位人员起草后申请发布，由发布员统一管理。使用户可以非常方便地查阅和管理电子公告。

部门资料：方便用户对本部门的资料进行归类，实现每份资料阅读范围的可控，方便资料管理。

大事记：用于记录单位内部各年度的大事。用户可以在该模块内，查阅所有大事记录。大事记由专人负责添加、修改、管理。

信息采编：信息刊物实现了由专人采编成刊、专人审核发布、专人管理、全文检索和分类检索查看等功能，基本上涵盖了政府工作的所有刊物。同时实现了拨号入网的信息上报单位进入信息采编进行信息上报。

电子论坛：提供了一个工作人员对某一个问题进行讨论的场所，论坛管理可对发言人员及所发言论进行即时有效的管理。

日常信息：记录、查询包括常用电话信息、交通信息、电子邮编信息等日常生活或工作过程中可能要用到的信息。

时事要情：实现了新闻、海报和通知等时事要闻的起草、发布处理，供领导和相关单位或个人查阅浏览。

信访管理：完成信访文件的管理功能，并提供多种查询方式。

（6）个人事务

内部邮件：实现了邮箱对外界公网邮箱操作与设计的最大模拟。用户只要按照对外部邮箱的操作方式即可完成对本邮箱的使用，并提供批量删除、外网连接等多项功能。

通讯录：提供个性化的个人地址本，方便相关信息的录入、修改和查询。同时提供"私有"和"公有"转换功能，可以非常方便地将通讯录中的信息设成只供个人或一定范围内的人员查阅。

日程安排：用于安排个人的工作、活动、计划等事项。可以在系统中制定个人或部门的日计划、周计划和月计划等，并设有定时提醒功能。

代办事宜：把各个功能模块的待办文件通过建立连接集中放到一起，方便个人处理。

（7）行政事务

车辆管理：对车辆资源的建立与管理；用车申请的提出、审核与通知等处理过程；用车基本情况的查询。

接待管理：完成对来访人员接待情况的登记及相关文件的管理。

后勤管理：通过文件、短信等方式，对后勤人员的工作内容进行管理与协调。

人事考勤：记录各人员出差、病、事假等相关记录，并可总结该人员一段时间内大致的考勤状况。

固定资产：包括固定资产信息管理、领用管理、外借管理、清理管理、维修管理等部分。

（8）通信扩展

实现 OA 办公与短信、集团电话、传真、互联网邮件相结合。

（9）集成接口

提供与异构系统或第三方系统界面及功能集成的标准化接口。

（10）定制功能

实现组织结构的树形显示与定制、个人风格定制、工作界面的个性化定制、快速导航栏的个性化定制、多种方式的工作事务即时提醒等。

3. 技术实现

系统采用基于 WEB SERVER 的 B/S 方式（浏览器/服务器方式）进行开发，按 J2EE 架构设计，通过文档数据库 Domino 和关系型数据库 SQL Server 2000 相结合的方式解决机关单位业务中结构化的、非结构化和半结构化的多类型信息的处理及如何与单位内部信息流的有效结合问题，提供综合办公自动化服务。

3.2.4　政务业务管理系统

1. 建设目标

政务业务管理系统应实现如下建设目标。

（1）对整个政府各部门各项管理业务信息进行分类、整理和保存，以便利用计算机进行统计、查询及报表等管理功能。

（2）要为政府及各个部门（办公室）提供一个良好的办公环境，全面实现业务处理的计算机化、网络化。

（3）实现园区对外信息的联系，实现与市政府、市委和各局办的业务连接，上通下达，提高政府办公人员的工作效率，使园区真正成为人民的信息化园区。

2. 功能说明

在园区的范围内，不同的业务系统处理不同的业务需求，其系统的功能有较大的差别，但总体上系统具有如下主要功能：

（1）基础编码的建立和维护；

（2）业务数据的维护和更新；

（3）数据的计算和处理；

（4）数据的统计、分析和业务状态报告；

（5）决策支持；

（6）系统的维护和管理。

系统应实现的功能模块如下。

（1）业务数据维护处理模块：业务数据维护处理模块解决了业务数据的维护和更新、数据的处理和计算，实现了主要的业务处理需求。

（2）业务数据查询分析模块：业务数据查询分析模块可以按照不同的查询权限对基础业务数据查看、分析，对领导提供决策支持。

（3）通用报表模块：通用报表模块主要解决政府部门大量的、复杂的报表，系统提供报表模板、报表自定义、报表数据的上报等功能。

（4）系统管理：系统管理主要解决系统的设置和管理、基础编码的配置等。

3. 技术实现

系统采用基于 B/S 方式（浏览器/服务器方式）结构，按 J2EE 架构设计，选用 Jbuilder 开发工具，选用 BEA WebLogic Server 8.1 作为应用服务器系统，Oracle 作为数据库平台构建通用业务管理平台。

3.2.5 网上审批系统

1. 建设目标

网上审批系统应实现如下建设目标。

（1）全面梳理园区内各部门所有行政审批事项，按即来即办业务、单部门审批业务和多部门审批业务来进行分类，规范其在联网处理下的业务处理模式，使各项业务都能在计算机网络下方便有效地受理与处理。

（2）建立以行政服务大厅为中心的集中行政审批业务网上审批系统，该系统应采用平台结构，通过参数设置，能支持众多行政审批事项联网处理，具有互联网发布、申报、表格下载功能，以及从受理、审核、审批到办结发证等各主要环节在部门内及部门间流转处理的功能。

（3）联网审批系统的总体设计必须适应当前我国政府机构改革重组的要求，应用系统必须采用平台式设计，体现结构化、层次化、模块化思想，具有包括业务流程重组在内的各类审批事项的配置和定制功能，以便充分利用网络，提高计算机对业务处理的深度和信息共享程度，简化公众办事手续，提高政府办事效能。

（4）系统的建设应重点解决如下实际问题：

1）优化审批流程（包括统一受理回执、收费等）；

2）减少递交纸制文件；

3）数据一次录入；

4）减少办事人员来往次数；

5）实现数据在部门内和部门间流转共享；

6）安全可靠，使用方便；

7）尽可能利用互联网功能；

8）为防伪打假、统计分析和网上效能监察提供便利；

9）推进各类审批信息资源库的建设等。

2. 功能说明

网上联合审批系统实现对多种审批业务在网上的并行流转审批与管理，一般由六大功能模块组成，分别是：互联网审批信息服务、审批受理、审批流程控制、行政效能监管、中心管理和收费功能。具体功能说明如下。

（1）互联网审批信息服务系统：主要是面向社会和职能部门提供信息发布、通知、信息浏览、查询等功能，是连接门户网站和大显示屏、手触屏系统等的主要通道。

（2）审批受理系统：接受和处理，申办人通过网上填报或窗口填报的审批事项基本表，对所提交的申请表格和资料进行检查。对符合要求的申请加以受理，不符合要求的予以退回，打印受理回执或不予受理回执。

（3）审批流程控制系统：根据审批事项的要求，按事先设置的流程顺序，控制审批业务在各单位（或单位内部）间流转审批。各单位在这上面进行审批处理。

（4）行政效能监管系统：主要负责实时、在线监管、督办各职能部门的审批流程和工作进度。

（5）中心管理系统：可以完成系统的参数配置、领导查询、数据汇总、行政办公等全局性管理，可以跟踪、催办、查询任意窗口单位的业务；可以输出任意窗口部门的业务统计表及整个中心的汇总报表，进行中心内部的信息传递及资料管理。

（6）收费系统：针对企业办理业务申请项目进行收费，系统提供与网上银行、人民银行、各商业银行实时结算的接口。用户在银行缴费后，能及时反映用户的缴费状态。

（7）支撑平台：主要构建在关系型数据库和支持 J2EE 框架的中间件应用服务器上。

3. 技术实现

通用网上审批应用软件平台应基于 J2EE 应用平台，采用 JAVA、EJB、SERVLET、JSP、XML 等 JAVA2 技术以及工作流控制、数据库技术，采用多层 B/S 应用结构体系，使整个应用系统建立在统一的平台上。系统可选用 BEA WebLogic Server 8.1 作为应用服务器系统、SQL Server 2000 作为数据库平台及相应的工作流管理组件来构造。

3.2.6 行政许可电子监察系统

1. 建设目标

电子监察系统是电子政务的顶层系统。在政府各项行政审批等业务处理实现电子化的情况下，行政效能监察也应与时俱进，采取信息化的手段加以进行。

系统充分结合行政许可法等的有关规定，利用技术手段建立一个对行政审批事项和行为"可查询、可监督、可评价"的全方位政务应用系统，以便督促各政府部门依据相关的法律法规，按照法定许可梳理业务流程、规范业务行为的权限和时限进行督察督办预警，并进一步完善行政绩效评估机制。

系统能对园区的所有审批事项进行实时、全程和自动监控，对审批行为进行有效约束，对审批效能进行综合考核和评价，使监察方式由事后监察变为事前、事中、事后监察相结合；使监察内容由以公务员个人行为为主变为个人行为与行政程序并重；使审批行为由隐蔽变为公开，促进廉洁、高效、为民政府的建设，达到"看得见，管得住"的监察目标。

2. 功能说明

电子监察系统应主要由电子监察外网网站、电子监察内网网站、电子监察数据采集子系统（包括手工采集系统）、电子监察监督子系统、电子监察监督处理子系统、行政审批绩效评估子系统、政府投诉处理子系统、综合查询子系统、统计分析子系统、系统管理子系统等组成。

（1）电子监察网站

1）发布电子监察相关要闻；

2）向社会公示行政审批相关的法律法规和部门规章；

3）公示行政审批的相关规范，如每项行政审批需要提交的申请材料、办理时限、收费、条件等信息；

4）公布全区行政审批实施机关的绩效测评情况；

5）接受社会关于行政审批的投诉；

6）各行政审批事项的申请表格的集中下载。

（2）数据采集处理

电子监察数据采集子系统的主要功能是实时采集各行政审批实施机关的业务监察数据。各行政审批实施机关根据《电子监察系统数据交换规范》开发接入接口，能够从现有业务系统中采集的数据项通过接入接口实时采集；对于没有业务系统的实施部门，必须使用手工录入模块录入；使用行政服务大厅业务管理系统且没有自己业务系统的行政审批实施机关，直接从行政服务大厅业务管理系统中采集监察数据项。

（3）监察监督

电子监察监督子系统的主要功能是在采集数据的基础上对业务自动监控。凡违反办事程序的，提供时限判别、收费监督、流程跟踪、资料数据对比、异常处理监督、统计分析预警等自动判别检查和辅助判别检查，及时发现问题，事先、事中提醒相关部门和审批人，避免发生行政过错。

（4）监督处理

电子监察督办处理子系统主要处理电子监控中心日常的业务处理和违规情况的流转处理。

（5）绩效评估

电子监察的绩效评估子系统是将业务过程中所涉及的办理人和办理制度一起综合打分，通过量化评分衡量各部门的行政效能。

（6）投诉处理

电子监察投诉处理子系统是有关办事效率、依法行政、廉政建设、服务态度等方面的投诉的处理模块。投诉信息来源包括政府门户网站投诉专区受理的投诉和申请人正式申请的投诉。

（7）综合查询

电子监察综合查询子系统是能够根据不同需求，实现各种条件下的单项查询和组合查询功能，支持无限次跟踪查询，支持精确、模糊及包含等多种查询；

综合查询功能可以查询的信息包括：审批事项信息、投诉信息、监察处理过程等。

（8）统计分析

电子监察统计分析子系统包括统计报表模块和动态分析模块。

（9）综合管理

电子监察综合管理子系统是用来维护系统正常运转的关键部分，主要维护的内容有：审批部门、系统用户、系统权限、标准代码、业务工作流程配置模块、系统参数配置模块、系统日志管理和数据库的备份恢复功能。

3. 技术实现

系统基于 J2EE 应用平台，采用 JAVA、EJB、SERVLET、JSP、XML 等 JA-VA2 技术以及数据库技术，采用多层 B/S 应用结构体系，使整个应用系统建立在统一的平台上，充分体现了系统的先进性、可扩展性、可移植性等。

采用多层架构的 B/S 结构、采用 Web Service 技术。利用 Enterprise JavaBeans（EJB）标准，使开发可以集中于对业务逻辑的开发，由 EJB 负责所有的企业级服务，如：同步、持久性、事务管理、命名服务、对象分布和资源管理，以缩短系统的开发周期。

系统基础平台：指为应用系统提供底层支持的部分，包括：网络（内部网、政府专网和互联网）、硬件平台（服务器、存储备份设备等）、操作系统（Unix/Windows/Linux 等）、数据库管理系统。这些部分是应用系统运行的基础。

3.2.7 政务门户网站

1. 建设目标

政务门户网站应实现如下建设目标：

（1）建成政府服务社会的网上窗口，政府与市民沟通的主要渠道；

（2）达到公开监督和内部监察的目的，信息全面、更新及时，服务多样、互动交流、反馈迅速；

（3）系统应是多功能的、分布式的管理系统，适合多个政务部门单位对各自的分系统内容进行管理和更新；

（4）对于敏感信息和数据的操作采用加密技术传输，保证数据的绝对安全。

2. 功能说明

门户网站实现政务公开、政府对外联系、宣传介绍、网上政务、网上服务等功能。政务公开指提供政务公开、办事指南等综合服务，公众能够及时了解政府的动态和最新消息；政府对外联系的纽带指提供交互访问服务，公众通过网站就可以实现与政府的信息交流，并参与互动交流；宣传介绍的阵地指通过对外信息发布，对外宣传、展示，使高新区成为联系世界的门户和窗口，全面展示高新区面貌、特色和优势；网上服务的载体指为企业和公众提供办事窗口，还可作为一个 G2G、G2B、G2C 的服务平台，介绍政府职能和行政审批事项、办事流程，使企业和公众利用互联网下载表格、办理登记、查询结果。具体功能栏目如表 3.1。

政务门户网站具体功能栏目　　　　　　　　　　　表 3.1

序　号	一级栏目	二级栏目		
1	政务公开	部门结构　部门职能　领导介绍 政务动态　业务程序　政府公告		
2	网上政务	网上申报　网上登记　网上预审 效能监察　网上查询　政务咨询 操作办法　问题解答		
3	参政议政	视察调研　委员提案　社情民意 建言献策　公众论坛　网上听政 绿色信箱　网上调查		
4	网上服务	办事指南　表格下载　商讯在线		
5	宣传推介	新区概况　今日新区　新区建设		
6	招商引资	新区经济　投资政策　投资动态 招商项目　统计数据　政策咨询 政务采购　招标信息　投资明星		
7	企业之窗	产业政策　企业黄页　动态信息 财经信息　企业咨询　明星企业		
8	法律法规	最新文件　政府文件　法规规章 部门文件		
9	便民中心	服务导航　百姓热点　便民告示 今日天气　金融信息　常用电话 邮政编码　邮箱登陆　文化广场 百姓调查　建言献策　航班信息		

3. 技术实现

系统采用 B/S 结构，选用国际通用的三层技术框架。采用静态页面生成发布工具实现系统的管理、维护和服务，后台采用 Oracle 数据库实现对采编的数据进行存储，全文数据库实现对最终的页面信息进行统一的存储和管理；前端除了数据库管理工具采用 C/S 结构，提供 Windows 的操作界面外，其他所有的应用功能均封装在 Web 应用服务器层。

3.2.8　园区应急指挥系统

1. 建设目标

应急指挥系统应实现如下建设目标：为公众提供多种、方便、快捷的服务，受理市民多种形式的求助，高效率的实施救助，对各类事件进行及时处置，协调多个单位联合处置复杂事件，对突发事件做应急处置，防灾减灾，战时防卫指挥，为市领导、政府部门的管理、指挥、决策提供技术保障，为重要事件现场指挥提供保障，为各分系统的信息、资源共享提供保障。

2. 功能说明

应急指挥系统包括紧急事件处理、领导辅助决策、事件发布、信息采集、部门联动与监督、沟通平台、预案建议、专家系统和关联搜索等核心功能。

（1）紧急事件处理

实现整个突发事件处理流程的自动化管理，使事件处理过程更加方便快捷。

（2）领导辅助决策

通过各种分析和宏观控制系统，辅助领导对突发应急事件的决策。

（3）事件发布

将突发事件相关数据和文档公开发布，保证紧急突发事件处理开放和透明。

（4）信息采集

可以根据用户的需求快速的定制数据和事件上报表单、实现统计分析功能。

（5）部门联动与监督

实现了多部门对于突发事件的自动化处理，同时将沟通的过程自动化，方式多样化。

（6）沟通平台

提供了多种沟通方式，集电脑、电视、电话、应急手持设备于一体，全面保障沟通的畅通。

（7）预案建议

将突发事件相关的行动预案建议给领导，领导启动。

（8）专家定位

自动定位最有价值的专家，通过数据分析的统计分析报表、图形化分析工具对结构化数据进行统计分析。

（9）关联搜索

从相关的内部应用系统和互联网的网站上，智能关联与突发事件最相关的文档，以便领导参考。

3. 技术实现

系统建立在统一 GIS 平台与园区信息网络平台之上，由一个应急指挥中心，若干专项应急子系统共同组成。建立与各应急联动部门的网络连接，实现信息数据的交换与共享、全网的视频会议与视频点播服务、远程视频监控接入等功能；实现与原有应急系统，如 110、120、119 等的语音交换功能；实现一级接警功能。应急指挥中心的工作重点在于以 GIS 平台和 Call Center 为依托，实现统一接警与处警，以及统一协调与指挥，建立可视化的现代指挥平台。

3.2.9　园区共享资源库

1. 建设目标

按照国务院信息化领导小组指导意见，从速建设的四大数据库：人口基础数据库、法人单位数据库、自然资源和空间地理基础数据库、宏观经济数据库。当然还有许多其他的专业数据库。

2. 功能说明

园区共享资源库实现园区信息标准化体系的建设；园区基础信息资源的采集及管理；园区信息资源的共享交换和整合；对重要的信息资源进行管理。

3. 技术实现

通过数据标准协议、数据库技术和数据仓库技术等建设园区人口基础数据库、法人单位基础数据库、自然资源和空间地理基础数据库、宏观经济数据库和企业资信数据库，提供信息采集、整合、管理、共享、交换和服务，为各信息化系统服务。

3.3　以电子商务为核心的企业综合信息管理系统

3.3.1　企业综合查询系统

企业综合查询系统实现跨地区、跨业务、跨平台的信息利用，并结合语音、电话、手机、传真、PDA、GPS/GIS 等，为用户提供多手段的信息利用服务。使信息获取更加便捷，信息利用手段更加丰富，能进一步提高用户单位的整体信息化建设进程。

系统通过主流的开发技术，严格遵循行业以及 J2EE 标准，结合中间件强大的应用支撑功能，采用平台化的设计思路，为用户提供一个跨业务、跨地区、跨平台的统一的查询平台，通过后台查询工具配置，实现要素查询、业务查询、关联查询、广播查询、漫游查询等多种查询功能。各种功能说明如下。

（1）要素查询：依据行业特征将所要查询的数据划分成具有代表性的要素类别。要素查询即针对某一类别的要素信息的查询。要素查询适合于在不确切知道需要查询的信息存储在哪个业务系统的情况下使用。

（2）业务查询：指对单一指定类型的数据进行查询，系统对不同的业务数据提供统一的查询界面、统一的操作方法、统一的口令认证、统一的访问权限控制，以方便不同业务系统的用户使用。

（3）关联查询：通过关联查询可以通过一条线索关联出多条线索，并且能够实现"无限关联"功能，对于实战单位的用户特别有实用价值。

（4）异地广播查询：指从综合信息节点树上的一个节点到另外一个节点或另外一个分枝上的查询。异地广播查询适合于在不确切知道被查的信息在哪个节点的情况下使用。

（5）异地漫游查询：指从一个查询节点直接跨越到另一个或多个查询节点上进行查询。异地漫游查询适合于在确切知道被查的信息在哪个节点的情况下使用。

3.3.2 企业产品与服务系统

企业产品与服务系统是面向企业用户的信息采集与管理软件。主体业务采用B/S 运行模式和 Oracle 数据库。系统包括企业用户信息系统和中心采集员管理系统，提供了产品与服务等的统一代码服务及相关服务，实现了用户注册、企业申报、产品申报、系统管理、业务管理、邮件管理、统计分析、赋码制卡等功能。

系统应具备业务流程清晰，各子系统联系紧密的特点，可较好地实现数据的一致性和共享，数据可根据业务流程从一个子系统转到另一个子系统。

系统应采用角色、用户、权限三层管理模式，各子系统应有严格的用户权限控制，通过角色授权实现系统的权限控制，不同权限的用户操作不同的功能界面，访问不同的数据，具有良好的安全可靠性。

系统的性能应能够承受较大的负载压力和数据量压力。其中，企业申报产品并发和产品条件查询并发时的系统响应时间应能达到要求。

3.3.3 企业诚信系统

系统通过工商、税务、海关、银行等经济监督管理部门提供的企业信息，或社会中立的资信评估机构对评估对象的客观评定，对园区内的企业概况、注册资料、股东结构、管理层、财务数据、往来银行、付款记录、经营情况、实地调查情况、附属企业、公共记录（抵押、破产、诉讼）、评语等项目进行等级评定，并公布在园区的网站和电子商务综合服务平台上，使投资者和社会用户了解园区内各个企业履行各类经济承诺的能力及可信任程度，为园区内外的投资者和社会用户提供投资和交易的风险程度参考平台。系统将采用 B/S 结构，结合企业资信数据库，以实现企业资信信息的发布和查询。

3.3.4　企业人员管理系统

企业人员管理系统是一个现代企业最重要的资源，从管理者的角度讲，人力资源管理模块可以帮助你提取某一个员工（如果权限允许的情况）在公司内的所有数据，所有与这个员工有关的文档、客户、资产，产品、服务、项目、工作任务以及与这个员工有关的财务信息都会在相关权限控制下展现在你的面前。从员工的角度来讲，人力资源管理模块为每一员工提供一个人力资源门户，这个门户在相应权限的控制下，他/她可以访问公司内部的知识库、管理他/她的日常业务和工作任务、管理他/她的客户资源和订单、参与他/她所相关联的项目。

人力资源管理模块可以做到如下几点。

（1）人事档案的信息管理和查询

记录查询员工的相关信息及相关改动。

（2）系统报告和分析

人力资源报告和统计功能对员工的状态和动态特性予以监控；公司人事组织架构图、年龄构成、员工进入和离职、请假统计、评议级别、工作组统计和更多的报告都能为管理层提供有效的决策支持。

（3）在线管理和委派工作任务

了解和监控员工的工作状况，也可以完成任务和请求的分配。

（4）整理工作流和员工考勤

用户可以通过系统提交各种请求，包括请假请求在内的各种申请。

（5）创建企业的人力资源库（管理各类应聘者）

管理应聘者的资料，建立属于企业自己的人才库。

（6）使用真正个性化的邮件系统

e-HRM 为每一个员工设定独立的邮件系统。该邮件又与其他模块是相关联的，从这个邮件系统发送的 e-mail 都将自动与被发送的账号相连。

（7）发送企业内部邮件

在邮件列表中选择相关人员和组，高效发送各种企业内部信息。

（8）跟踪员工具体的财务信息

所有员工相关的财务信息将成为他们个人档案的一部分。包括：每一位员工的预算、成本预算、销售额预算、费用支出、工资单等信息都将关联到各自的账户上。

3.4　以社区服务为核心的公众信息服务系统

3.4.1　社区安防综合报警系统

社区安防综合报警系统实现社区内公共区域、单体建筑的闭路电视监控、防盗报警、主要出入口控制及语音对讲，并辅助社区应急指挥、消防管理、智能交通管理等。

系统在周边、公共区域、交通路口、主要出入口以及单体建筑内的重要过道、出入口、重要区域及重要场所内等重点路线和部位设置电视摄像设备、前端报警设备、出入口控制设备等，通过已建成的社区弱电数据通信专网，采用TCP/IP协议，实现监控图像信号及控制信号等的实时传输。

系统在中心机房设立一个总控室，根据现场实际需求再设立分控室，以实现安防系统的综合监控与管理。在总控室内安装大型显示墙和操作设备，将监控图像信息在显示墙上显示，通过操作台集中管理社区安防报警系统。

3.4.2　社区消防报警系统

社区消防报警系统是在充分利用现有系统、硬件设备和网络架构的基础上，建设一个对园区所辖范围内的公共区域、单体建筑等发生火灾时的报警系统，实现对消防火情及早发现，一旦出现火情能以最快的速度采用正确的灭火施救方案，并联动报警相关部门及市消防队，把火灾损失降低到最低点。

系统在园区内重点消防防范区域、单体楼宇内安装消防报警设备，将各区域内独立的消防报警系统联网统一管理，并远程联接到市消防队系统。

系统通过信息接口技术，利用已建成的城域宽带网与公安监控中心、市应急指挥中心等部门实现信息共享，同时实现与110、120、供水、供电等社会抢险援救部门联络，实现在突发事件下不同警种与联动单位之间的配合与协调，从而对特殊、突发、应急和重要事件做出有序、快速而高效的反应，共同完成抢险救援任务。

系统采用三级网络管理模式，以市消防队中心作为整个系统的网络枢纽，园区消防控制管理中心为二级网络结点，各监控前端网点为三级网络结点。通过消防专用网络，每个网点的监控终端都可以接入网络，建立一个整体性的远程网络监控体系，实现统一的监控管理。各网络级别，在功能上相互独立，但在资源管理上共享互联。系统结合GIS技术，准确掌握火警区域的详细信息，实施灭火施救方案。

系统采用接口技术无缝联接应急指挥系统、领导辅助决策系统、办公自动化系统等，实现数据信息的共享，提高处理效率。提供大屏幕系统接口，用以显示

GIS 应急联动应用界面和（或）输入的视频图像信息，能够清晰地反映现场的状态。提供视频会议接口，用以在非常时期采用视频会议系统召开会议，为争取时间、及时商讨决策和及时贯彻上级重要指示与取得重要信息等方面提供便利。提供其他类型的应用系统，如公安专网接口、无线调度接口、有线调度接口等。

3.4.3 社区医疗监控系统

社区医疗监控系统实现与各医疗机构管理信息系统互联，为园区用户提供医疗卫生中心查询、名院名医查询、药品检索查询、医院就诊指南、卫生医疗教育及网上预约、挂号、远程会诊等服务，提高重大疫情预报处理等。

系统建立面向企业和个人的健康档案数据库、电子病历数据库、卫生保健数据库、个人账本数据库，将基于这些数据库的医疗服务扩展到园区内任何一个地方，充分共享、高效利用医疗信息，提高医疗技术和质量，同时也极大地方便了园区用户，增加了临床医疗的方便性和安全性。

系统充分利用社区资源，完成社区卫生服务机构的预防、保健、计划免疫、康复、健康教育等功能及全科诊疗，整合全科医学、IT 技术及卫生管理科学，实现社区卫生服务的电脑化、无纸化、网络化和标准化，突出以人为中心、企业为单位、园区为范畴，全积压、连续、综合、安全的服务模式，将园区用户的健康、园区服务的日常事务管理有机地融为一体。

3.4.4 社区网上教育服务系统

社区网上教育服务系统实现所有科技、教育单位的宽带网络连接和教育信息资源的共享，不仅能使园区内企业以最短的时间和快捷的方式获取国内外的先进技术，有效地促进跨时空、跳跃式的带动园区内企业实现快速发展，而且能为科教部门和单位提供先进的信息平台，促进教育信息资源的开发。实现在园区网络上开展网上科普、网上教育、远程教育等业务，为园区内企业、公众提供更多的进修机会，提高企业员工素质、扩展企业员工的知识层面、创造企业发展新模式、为企业捕捉发展的新机遇。

系统利用现代化的技术设备和多媒体的教学手段形象直观地进行教学讲解，从而提高教学质量、促进教学水平提高；提供高速、方便的信息交流和资源共享等手段；提供远比书本知识更广泛的内容，扩大园区企业用户与外界的联系，开阔视野，增进交流；发展远程教育，克服地域和规模的限制，实现资源共享。

系统应实现如下的功能：

（1）根据不同的用户的需求特点，自动订制个性化的教育内容（如在线课程、信息、学习计划等）；

（2）为园区用户提供理想环境，充分利用园区的网络资源和知识资源来获得全新学习感受；

（3）为教育单位提供网上教育和远程教育平台，大大提高教学和管理水平，使园区成为一个高效和灵活的组织，不断增强自身的竞争力。

3.4.5 社区网上购物系统

社区网上购物系统通过与银行和商场联网的数据库，足不出户即可在电脑屏幕上浏览各个大商场的商品，掌握从商品的外观到性能以及价格的详细信息，并进行订货购买。

3.4.6 社区文化娱乐系统

社区文化娱乐系统通过社区综合信息服务平台网站，开通社区互动游戏、社区 VOD 点播等，提供在家中可与 Internet/Intranet、远程网上其他成员一起游戏（如下棋）等功能。

3.5 工业园区信息资源管理系统的信息安全措施

园区信息资源管理系统的信息安全措施应从物理层安全、网络安全、应用安全、数据安全、设计元素安全和标识符安全等方面采取措施。

1. 物理安全性

在物理上保护服务器和数据库的安全性与禁止未授权的用户和服务器访问一样重要。如果服务器在机房的管理得不到安全的保证，则有可能使未授权用户绕过相关的安全设置，访问服务器上的应用程序并拷贝、删除文件，或造成服务器硬件的物理损坏。

2. 网络安全性

网络安全性体现在防止未授权用户闯入网络并假扮系统授权用户。使用网络硬件和相关软件或通过加密控制网络访问。同时，加密网络端口防止未授权用户使用网络协议分析器读取数据。

同时，设置 SSL、名称和口令验证来保护在网络上传输的网络数据，并验证服务器和客户机。此外，通过设置防火墙服务，防止 Internet 服务器受到来自单位网络外部的未经授权的访问。

3. 应用安全性

用户和服务器获得访问其他服务器的权限后，使用数据库存取控制列表来限制特定用户和服务器对其他服务器上单个应用程序的存取权限。使用标识符加密数据库，使未经授权用户不能访问本地存储的数据库拷贝、签名或加密用户收发的邮件消息以及通过签名数据库或模板来避免应用程序在工作站上运行。

4. 数据安全性

对数据库和文件系统进行备份，确保数据的安全和可管理性。

5. 设计元素安全性

使用存取控制列表和特定域对指定的设计元素进行管理控制，使得某些用户即使可以存取应用程序，也无法存取应用程序中的特定设计元素。

6. 标识符安全性

系统标识符唯一标识一个用户和服务器。系统使用标识符中的信息控制用户和服务器对其他服务器和应用程序的存取，管理员将保护标识符并确保未授权用户不能使用它们。在获得对验证者和服务器标识符文件的访问权限前，一些站点可能要求多个管理员输入口令，这样可以防止由某个人控制标识符。

下面针对网络安全、应用安全和数据安全进行详细说明。

3.5.1 网络安全措施

1. 网络安全分析

一个基于开放协议、网络设备多种多样的复杂性综合网络，其安全将越来越直接的影响网络系统的性能、社会和经济效果。网络安全从技术层面来说存在如下问题。

（1）网络系统和主机操作系统存在漏洞风险

园区信息资源管理系统需要有大量的业务主机、服务器、交换机等关键主机网络设备，其上运行着各类不同的操作系统和应用程序，每种操作系统或多或少存在着不同风险级别的漏洞，随着园区信息资源管理系统建设工作的深入，会逐步引进更多的设备，会有更新版本的操作系统得到应用。虽然可以利用安装系统补丁预防部分系统漏洞，但是由于缺乏统一的风险评估系统和工具实施集中的评估管理，所以各类补救措施和程序提供的及时性、准确性和有效性难以保证，无法做到对风险的预测和控制。

（2）来自广域网的威胁

这一方面的安全也就是网络边界安全中的数据传输的安全，主要是保护数据在传输时不被窃听、篡改等，也就是保护数据的正确性和保密性，防篡改，防欺骗。广域网的威胁包含来自 Internet 的威胁，攻击者可以灵活地利用 Internet 的弱点侵入，从而迂回至园区内网形成最终隐蔽攻击。

（3）来自内部网的威胁

来自系统内部的攻击对系统破坏处于主要位置，因为内部人员对信息的位置、重要性、访问控制策略等情况比较了解，攻击更容易奏效。据统计，70%的有效攻击来自内部。

2. 网络安全措施

（1）采用合理的技术手段

在基本的访问控制、身份鉴别、安全审计方面，采用合理的技术手段，正确使用系统中已有的安全机制。各系统通常包含了基本的安全机制，如身份认证、访问控制和审计功能。正确地使用这些安全功能可以减少系统可被利用的漏洞。

（2）采用必要和有效的监控和审查机制，对安全机制的有效性、安全策略的正确性进行定期、持续的审查和监控。

1）定期审查：使用具有入侵知识库的安全扫描软件对系统的安全进行审查。可以验证现有被审查系统的安全特性。

2）持续监控：实时的对系统中发生的事件进行监控和审查，并根据入侵知识库的信息及时发现正在进行或即将进行的入侵或破坏行为。

（3）部署必要的技术和产品，在安全机制失效和灾难的情况下采取正确、及时、有效的措施。

在系统遭到破坏时在尽可能短的时间内恢复系统的运转，部署合理的灾难恢复系统，并制定日常备份和灾难恢复制度，可以使系统在遭到破坏时迅速恢复，并使损失的数据最小。

3.5.2　应用安全措施

园区信息资源管理系统的实现（设计和运行环境）是在一个金字塔形的层次结构上构建的，最底层是运行网络，沿金字塔向上逐次是运行服务器、数据库平台、视图、表单、文档，直至字段。应用安全措施应确保每一层次的系统安全。

1. 验证

验证是保障某一用户被可靠认定的手段。验证过程是双向进行的，即服务器要验证用户身份，用户也要检验服务器的身份。无论何时，用户和服务器或两个服务器之间开始通信之前，系统都需要验证。验证的管理由专门的人员负责，管理主要功能有：接受注册请求，处理、批准/拒绝请求，颁发证书。证书就是一份文档，它记录了用户的公开密钥和其他身份信息。用户要通过内部网络操作数据，首先要取得信息中心的认证，获得证书，即要成为合法用户。每次登录时系统将对用户进行验证，通过验证才能对数据库进行访问。

2. 用户账号管理

通过验证合法的用户，系统为这些用户设立了专门的用户管理账户。管理的内容主要分为三个方面：角色、权限、模块分配表。角色是根据系统的特点，按业务需求划分为访问人员、操作人员、领导和系统管理员等等。权限，是指对数据库甚至于达到字段级的增、删、改、读等权限控制。模块分配表，是根据用户管理需要，分配给特定用户的模块。

3. 用户口令

每个用户除了账号外，还有自己的口令，以防止他人盗用用户账号。用户口令具有反电子欺骗功能，难以被猜测和破译。

4. 访问控制列表（ACL）

在系统中根据每个用户的职能配以相应的角色，规定其相应的访问服务器、数据库等的权限，以保障系统中信息的安全，这就是访问控制列表（ACL）的功能。存取控制规定了什么人可以以什么方式（例如：创建、读、写、删除等）访问什么资源。控制的资源包括：服务器、数据库、数据库的文档和文档的字段。存取控制包括下列级别：

（1）不能存取者：没有访问的权限；

（2）存放者：存放者只能向数据库内写内容；

（3）读者：只能读数据库的内容；

（4）作者：作者可以创建新的文档和读其他文档，但是不能修改数据库中已经存在的文档；

（5）编辑者：编辑者可以读、写和修改数据库中的文档；

（6）设计者：可以更新或改变数据库的设计和结构；

（7）管理者：管理者"拥有"数据库，并且可以增加删除用户。

5. 使用加密手段

系统应采用 RSA 算法，提供公用密钥加密手段，利用这一功能可以实现：

（1）数字签名：数字签名可以确保文件确实是由出现在文件上的人发送的，而且它确保文件自创建后没有被篡改过；

（2）发出的电子邮件加密、收到的邮件加密；

（3）整个数据库加密，还可以只对文档，甚至文档中的字段加密；

（4）通过网络端口给所有网络数据加密，以防止信息在传输过程中被截获。

6. 执行控制列表（ECL）

提供了执行控制列表来决定哪些操作的文档可以在工作站运行，可以防止病毒、特洛伊木马，或是任何一种嵌入式代码（如 Java 小程序）文档的运行，有效地堵塞了安全漏洞。

7. 访问控制

系统对数据库的增、删、改、查操作都是通过开发的模块、窗体界面进行的，因此对每个窗体都进行权限控制。根据每个用户的职能，通过用户访问控制列表，赋以相应的访问权限，使得每个用户只能看到系统管理员给他配置的相应的模块和操作界面，并在其职能范围内进行业务处理。

此外，对数据库表的增、删、改、查进行权限控制，与窗体的权限控制一起，构成了对信息访问的有效保护。

3.5.3 数据安全措施

建立一个覆盖各系统数据库及文件系统的备份，实现各系统内部各种数据（结构化数据及非结构化数据）的备份。备份的管理采用集中备份管理的方式，尽可能提高各主机数据的安全性和可管理性。

系统应采用专业网络备份软件、磁带库，对各服务器的重要数据和系统自动进行网络统一备份。支持热备、差量备份以及灾难恢复。对灾难恢复（操作系统故障，应用程序损坏等）、物理故障（整机损坏、硬盘故障、网络设备故障等）、逻辑故障（数据不完整、数据不一致、数据错误等）进行有效保护，可以将损失减少到最小程度，尤其是更直接有效、迅速地恢复系统及数据库。

3.6 工业园区信息资源管理系统的实施

3.6.1 园区信息资源管理系统的独立性

数字化工业园以及其他类型的园区，它们既是数字化城市的组成部分，又具有一定的独立性，成为一个城市单元。所谓独立性就是指其中一部分数字化系统将相对独立地建设，采取独立的方案，具有单独的功能，成为独立运行的系统，为园区内专有的用户服务。即使与相应城市发生联系，也是上下级的，或横向沟通信息的关系，一般不是联合在一起运作的关系。这种独立性的产生一方面是由于园区及应用特点的要求，同时也常常因为园区信息化领先于整个城市先行建设的缘故。

就整个城市而言，其信息资源管理系统也应要整体规划及制定总体方案。在城市数字化的整体规划中，应包括园区的规划内容、方案以及与城市各大信息资源管理系统的关系。当先行制定园区信息资源管理系统建设方案时，也应考虑到今后与整个城市信息资源管理系统的关系。这些关系体现在城市各应用系统总体方案上，也体现在各种信息的共享应用上。

因此，不论在规划数字化园区的建筑智能化系统、通信网络系统、电子政务系统、电子商务系统以及社区信息服务系统的建设方案中，还是在建设数字化园区顶层的综合管理与服务平台中，都必须重视解决园区系统与城市系统的关系，采取科学合理、先进实用的方案。

3.6.2 园区系统与城市系统的关系划分

各个数字化工业园或者是其他类型的园区，其规模大小、功能定位、园区的内部组成和地域情况，与城市行政区划的关系都各不相同。各城市数字化建设情况、建设方案、各系统的组成、建设进度、资金来源和主管部门等也各不相同。因此，在制定园区信息资源管理系统建设方案中，不但要分析研究园区自身的情况需求，而且还要充分研究城市信息资源管理系统的一些情况。要重点解决以下问题。

1. 哪些系统是属于城市整体的建设项目。对于城市建设项目应由城市主管部门去负责组织建设，园区只能起建设和中间支持的作用。对于可分块应用和实施的建设项目，园区应规划、设计和建立与自己有关的部分，留出接口，便于以后联入整个城市系统。

2. 哪些系统是属于园区自身需要的，可自成体系建设的，现在或今后要与城市相关系统互联的，也是要与城市相互沟通信息、共享信息的建设项目。对于这些系统，园区应重点加快建设，在建设中注意园区与城市系统共享的信息目录，并做到通过交换平台实现信息交换。

3.6.3 园区信息资源管理系统的实施

在解决园区信息资源管理系统需求及与城市系统相互关系的基础上，应大致按照下述步骤实施系统建设。

1. 制定园区信息资源管理系统建设规划，包括系统建设目标、内容、效果、投资概算及进度要求等。

2. 根据时间要求制定各系统建设的可行性报告，包括需求分析、建设目标、内容、功能要求、技术方案、实施规划和投资概算等。

3. 根据时间要求开展各项建设，包括落实资金、组织项目管理机构、拟定招标书、选择承建单位、监理单位、开展设计、设备采购、安装施工、软件开发、测试、试运行及验收等。

园区信息资源管理系统建设是数字园区中核心系统的建设，系统复杂，关系重大。为确保项目成功，需选择有经验的系统集成商担任总集成商，负责整体规划和综合集成管理与服务平台的建设。

4 数字工业园公用事业基础自动化与信息化平台建设

4.1 工业园公用事业基础自动化与信息化平台

工业园公用事业基础自动化与信息化平台建设，主要包括工业园的水、气、电、热地下管网的自动化与信息化和工业园预防灾害应急系统工程两大类平台建设；该两大类自动化与信息化平台建设的主要内容是：考虑工业园公用事业基础自动化与信息化平台网络构架与信息管理系统的构成等。

4.1.1 工业园公用事业基础信息平台总体结构

使用公共通信网络构建信息平台的数据传输通道，各监控终端设备、用户终端设备以及控制中心的各终端设备，均应接入此网络中。在现有通信主干网络不能到达的地区，以及流动服务设施中的终端设备，可通过无线方式接入，平台总体结构如图4.1所示。

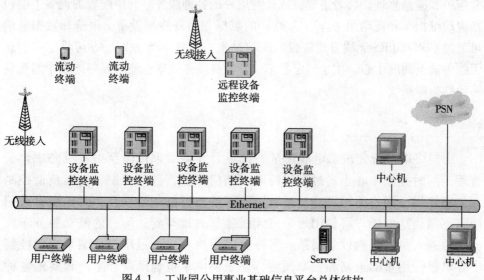

图4.1 工业园公用事业基础信息平台总体结构

4.1.2 管线监控系统

用于对供水、排水、供热管道、阀门等相关设备的监控以及加压站、抽水站等设施的设备监控和环境监控。每个监控终端可使用 CAN 或其他类型现场总线构建下层网络对各室内外设备和管线实施监控，完成设备工作状态、管网主要参数和损毁情况（压力、流量、温度、电压、电流、泄漏情况、井盖丢失情况等）的采集、监控与报警以及无人值守站点室内外环境参数（温度、湿度、防盗、防火等）的监控。该系统结构见图 4.2。

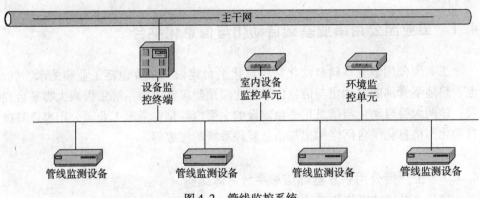

图 4.2　管线监控系统

4.1.3 流动服务终端

主要包括流动维护车和流动服务车（单个人员），前者实现设备和管线的日常维护和应急修理，后者主要完成针对用户的各种服务。其中配置的设备主要包括流动维护车和流动服务车（人员）的数据和语音终端设备。语音和数据通信可通过 GSM/GPRS 无线方式实现。流动设施中配有 GPS 系统，并可将定位信息无线传输至调度中心，用于确定各车位置提高服务效率。流动服务终端中需配备移动数据库系统。

4.1.4 用户终端系统

用户终端系统完成水电暖用量的计量，并将结果传输至中心机完成计费管理，同时控制中心也通过用户终端对阀门等进行远程控制，实施负荷控制和欠费停供。用户终端可通过现有通信网络与控制中心联系，对于现有通信网络不能到达的用户可使用短距离无线通信方式与到达附近的流动服务车或流动服务人员的终端设备联系。另外大宗用户可以通过用户终端系统向控制中心申报使用量的近期和长期预测，便于供应单位合理安排生产和实施各种费用折扣。

4.1.5 费用结算中心

费用结算中心根据由网络或流动服务人员传回的用户数据形成费用结算数据，通过网络提供给银行的个人信用系统自动完成缴费，或将结果传输至流动服务终端，由现场人员直接从用户处收取。

4.1.6 计划管理中心

根据近期和长期的历史数据以及用户提供的使用量预测申报，生成各种供应计划和折扣方案，对生产单位的产量和各地区各用户的负荷进行合理安排。

4.1.7 维护管理调度中心

维护管理调度中心负责收集各种故障信息，安排流动和固定维护人员及时处理故障。故障信息可通过系统中的设备维护单元自动检测产生，也可通过接收用户或其他人员的电话报警产生。调度命令可通过系统的语音或数据通道发送至流动维护人员或各人工值守站点的语音及数据终端。

4.2 工业园公用事业基础自动化与信息化的 GIS 的软件开发

工业园公用事业基础自动化与信息化平台建设过程中，水、气、电、热（含预防灾害应急系统）基础自动化与信息化，在工业园的公用事业中占据重要位置。所以实现工业园水、气、电、热（含预防灾害应急系统）地下管网的信息化是工业园数字化的基础，而 GIS 无疑是完成工业园水、气、电、热（含预防灾害应急系统）地下管网信息化的最好载体。不同的工业园区水、气、电、热（含预防灾害应急系统）地下管网的设计也不尽相同，因此其 GIS 系统也必须单独开发。

4.2.1 工业园公用事业 GIS 平台选择标准

GIS 的应用可分为服务器端应用和客户端应用。服务器端应用主要是指基于 ORACLE 或 SQL Server 数据的地理信息管理数据的管理、空间数据引擎；客户端应用主要有用于维护全区地理数据的桌面应用程序、基于 MapObject 开发的客户端应用程序（C/S 工作方式的客户端），基于 WEB 服务的浏览器应用（B/S 工作方式的客户端）。目前 C/S 方式的 GIS 系统还是占据主要份额，但随着 Internet 技术的发展，B/S 工作方式的 GIS 系统将会越来越多的被采用。

B/S 工作方式的 GIS 系统除了为人们提供更为友好的用户界面外，更主要的是怎样解决数据的共享，在目前的技术发展趋势下怎样解决数据共享的问题呢？除了政策和行政协调方面需要解决的问题外，技术上仍有大量的问题需要解决。

数据共享有多种方法，其中最简单的方法是通过数据转换，不同的部门分别建立不同的系统，当要进行数据集成或综合应用时，先将数据进行转换，转为本系统的内部数据格式再进行应用。我国已经颁布了"地球空间数据交换格式标准"，使用该标准可以进行有效的数据转换。但是这种数据共享方法是低级的，它是间接的延时共享，不是直接的实时共享。建立"数字城市"应该追求直接的实时的数据共享，就是说用户可以任意调入"数字城市"各系统的数据，进行查询和分析，实现不同数据类型、不同系统之间的互操作。当然这是一个很难的课题。美国 OGC 联盟推出的 Open GIS，开始了这方面的探索。国际摄影测量与遥感协会成立了"邦联数据库与互操作"工作组，其宗旨就是协调国际间各方面的讨论与研究。

针对传统的 Internet 地图服务软件使用复杂，开发难度大，只能使用特定格式的数据、难以满足大负荷运转的问题，本文提出了一种开放式的体系结构，具有使用简便、易于扩展、可以充分发挥地图引擎能力的优点。通过该体系结构，可以实现多服务器群集、动态负载平衡、编译执行、直接 HTTP 响应、多级缓存、多地图引擎支持、集中化管理等功能，从而使用用户快速发布大数据量、不同来源的地图数据成为可能。该体系结构应用于软件开发实践中，取得了良好的效果。

4.2.2 工业园公用事业 GIS 平台软件解决方案

按照部署方式的不同，目前常见的 Internet 地图服务软件主要可以分为三种类型。

1. 以客户端处理为主

主要采用 Java Applet、Plug In、ActiveX 等下载数据到本地机进行处理的方式，这种方式在处理较小数据量的矢量地图时速度快、效果好，但是随着数据量增加到一定程度，性能将会急剧下降到难以忍受的程度，如果含有影像数据，也会大大降低性能。由于数据下载到本地机，同时会带来安全性的问题。

2. 以服务器端处理为主

服务器有采用 CGI、ISAPI、NSAPI、Java Servlet 等方式，地图主要在服务器方完成，客户端采用纯 HTML 或较小的 Java Applet 进行开发。可以支持较多的浏览器，不需下载或安装插件，使用方便。由于数据在服务器方，数据安全可以得到保证，而且由于只需处理用户请求的区域，数据传输量恒定，不会随着数据量加大而导致性能线性下降。这种方式适合处理大数据量，尤其是矢量和影像叠加到一起的数据。

3. 客户端和服务器相结合

通过客户端和服务器方相结合的方式，可以在处理不同的地图数据时采用不同的方案，可以使安全性、性能与效果得到较好的平衡，但实际处理的效果与不同软件的体系结构和功能有较大的关系。

由于网络处理相当复杂，目前常见的 Internet 地图服务软件（如图 4.3）普遍采用了与 Web 服务器相结合的方法来进行开发，但是由于 Web 服务器普遍使用多线程的方式处理客户端请求，而大部分地图引擎目前均不支持多线程，所以一般采用另外启动一个应用服务器的方式来解决这个问题。在这种方

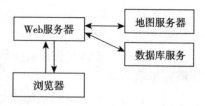

图 4.3　Internet 地图服务软件示意

式下由 Web 服务器代理网络请求，然后转发到应用服务器或者调用服务器端对象，处理完毕后再由 Web 服务器传回结果。由于需要同时配置多个服务器程序，会带来网络流量的加大、配置复杂、开发与调试难度相当大的问题，一旦出现错误便会难以跟踪和排除故障。

在实践中，我们认识到这些问题产生的根本原因在于 Web 服务器的体系结构不适用于大数据量的空间地理信息服务的要求。为了从根本上解决问题，我们设计了一种新的地图服务器体系结构：

（1）采用应用服务器的方式，底层采用 Visual C ++ 直接进行 Socket 编程，直接解析 HTTP 协议，从而使浏览器可以直接与地图服务器会话，减少了网络中转，可以直接控制数据 I/O；

（2）管理器通过 COM 接口与地图引擎进行交互，开发者只要从标准接口中继承就可以开发自己的专用地图引擎，完成特殊的功能，从而实现了开放的多地图引擎支持；

（3）通过应用逻辑层来管理各个地图应用，不但可以充分利用现有地图引擎的处理能力，还可以实现多服务器群集和跨服务器的动态负载平衡，从而解决了空间信息数据量大难以处理的难题。

4.2.3　工业园公用事业 GIS 应具备的功能

1. 灵活的地图操纵

系统具有良好的用户界面，提供了人性化的操作灵活方便的地图浏览功能。通常具备的功能是放大、缩小、平移显示、标识、查看全图、放大镜、鹰眼、居中显示以及图形信息的协同效果疏密校正等。

2. 图层分层显示和控制

图层分层显示整个建筑小区的住户分布信息，煤气、水、暖气、电气管路信息，各住户的水表、煤气表、电表信息，重要场所、火灾报警分布信息，煤气、水易泄露地点的信息，管路施工井口分布信息，车辆存放地点指示信息，小区内

幼儿园、学校、商店分布信息等。

显示静态和动态信息、显示栅格图像、实现对任意图层的控制显示（可显示、可选择、可编辑等），并可按视野范围显示不同的图层。

3. 地理信息显示

系统提供对图形信息和属性信息的多种双向查询方式，可对查询信息形成文件或打印输出。

（1）查询内容可以包括地图显示的所有信息，主要有：

1）位置信息查询；

2）消防设施查询；

3）管路信息查询；

4）重要场所查询；

5）住户信息查询；

6）管路表的查询。

（2）查询方式包括：

1）点击查询：用户用鼠标点击地图目标进行查询；

2）条件查询：用户输入查询条件，查询符合条件的目标，选中的目标在地图上居中并以不同的颜色标记，可查看目标信息；

3）空间区域查询：用户可查询以空间范围的目标，并列表显示，方式包括矩形区域查询、圆形区域查询、任意形状区域查询。

4. 地图信息维护

有权限的用户可以在地图上对静态及动态信息进行维护。

5. 图形打印输出

通过地图的查询功能，将各种信息以专题图的形式分图层显示，对于各专题图可以打印输出，供用户或管理员决策分析。

6. 距离计算

通过地理信息系统建立的标尺可以实现任意两点之间的距离计算。

4.3 工业园环境监测系统

为了经济可持续发展以及实现绿色环保的要求，工业园增加环境监测系统有其积极的意义，通过环境监测系统让公众了解认识所在区域的环境状况，让工业园管理者通过这个系统提供的数据，选择和管理相关的入园企业，让这个"数字城市"的节点为"数字城市"的环境质量的改善做出应有的贡献。

4.3.1 环境监测系统包含的内容

工业园环境监测系统应包含哪些监测内容呢？与人们生活质量密切相关的是

空气质量、水的洁净度，这两类指标除了和本区域有关外，还会受到别的区域的影响，而且工业园可能本身就是一个大的污染源，所以综上所述，工业园环境监测系统应监测的内容包括：

（1）环境空气质量监测，监测内容包括二氧化硫、二氧化氮、臭氧等；

（2）水体质量监测内容包括水温、pH、溶解氧（DO）、电导率、浊度等；

（3）污染源排放监测，这主要包括对废水和废气排放的监测。其中废水的监测指标主要有：COD、高锰酸盐指数、TOC、氨氮、总氮、总磷。

（4）其他还有：氟化物、氯化物、硝酸盐、亚硝酸盐、氰化物、硫酸盐、磷酸盐、活性氯、、TOD、BOD、UV、油类、酚、叶绿素、金属离子（如六价铬）等。可对废气的监测指标有：SO_2、CO_2、NO、NO_2、CO、CH_4、NH_3、HC、H_2O 以及烟尘浓度、烟气流量、烟气温度、烟气湿度、烟气含氧量等。

4.3.2 环境监测点的布局原则

由于工业园的环境不可能脱离周边环境而独立存在，所以环境监测点需要确立一种布局原则，以保证借助监测系统能够准确地判断污染源的来源。

（1）边界原则，在需要区分污染源分布区域的边界处设置相应观测点；

（2）内外原则，在工业园的边界处设置相应观测点；

（3）排放点原则，在污染物排放点处设置相应观测点；

（4）敏感原则，对于那些生产过程中对环境因素敏感、要求高的企业，在其所在地周围设置相应观测点。

4.3.3 环境监测信息传输网络的构成以及与公用测控网络的关系

由于环境监测系统的监测点分散，监测点所处位置传输条件复杂，因此监测信息的传输方式也会是多种多样，可能是电话、手机，也可能是宽带。这样环境监测信息传输网络首先必须有满足多种传输接入方式的能力，其次如果环境监测信息传输网络完全自行构成，不仅会造成投资的浪费，也不利于各种信息的集成。因此比较合理的结构是根据监测信息的位置情况先确定最方便的信息外传方式，通过信息变换接口将环境监测信息变成标准的格式，再通过公用测控网络将信息传输到集成中心。环境监测信息传输网络与公用传输网络的关系原理图如图4.4所示。

4.3.4 环境监测信息存储格式的标准化

环境监测信息存储格式的标准化问题不仅存在于环境监测系统，在整个数字工业园的各个系统内都存在，但由于环境监测信息的量纲非常乱，所以环境监测信息存储格式的标准化的问题更为重要。

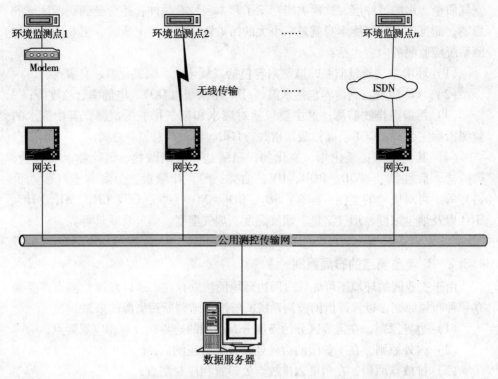

图 4.4　环境监测信息传输网络的构成以及与公用测控网络的关系

环境监测信息存储格式的标准化主要从下列几个方面考虑：

（1）量纲：环境监测信息的量纲比较多，信息存储时要有量纲这一项；

（2）数据要以双精度或浮点数的方式存储；

（3）信息点的位置信息；

（4）信息点记录日期与时间；

（5）预留视频符合存储空间；

（6）预留备注存储空间。

4.4　"工业园区预防灾害应急处理系统"的设计与开发

4.4.1　"工业园预防灾害应急处理系统"的设计与开发的指导思想

工业园区可能发生的灾害有：传染病、洪涝、地震等等。其社会影响之大、涉及面之广，已经不是单一职能部门可以解决的问题，需要调动、指挥和协调各方面力量，统一领导，快速行动。

因此构建工业园区预防灾害应急处理系统，应该立足于充分利用现有资源的基础上，将园区中其他指挥中心整合为系统的、具有多种功能的整体。提高处理突发事件的反应能力，快速、及时、准确地收集到应急信息，进行科学的决策指挥。因此系统应该综合采用先进的现代通信技术、计算机网络技术、地理信息技术、遥感技术、卫星定位技术，应该具有网络化、智能化、可视化特点，应符合先进、实用、可靠、高效的设计方案。

4.4.2 必须高度重视"工业园区预防灾害应急处理系统"的设计与开发

灾害发生的相关情况有以下一些方面：

（1）近十年来，我国每年仅自然灾害所造成的经济损失，高达 1000 亿元以上；常年受灾人口达 2 亿人次之多。

（2）我国城市化率已达 37.66%，2020 年可达 60%，而城市正常运转，人们正常工作生活，对交通、供电、供水、煤气系统的依赖程度日益增强，一旦遭遇灾害损失严重程度可想而知。

（3）我国位于地震烈度大于或等于 7 度的城市占全国城市总量的 45%。

（4）2003 年我国经历了"SARS"事件，2004 年我国经历 5 次洪灾，近 40 个城市受淹。

根据上述情况，充分说明了人们在设计和建设数字工业园的过程中，应充分考虑和高度重视工业园区预防灾害应急处理系统的建设，并把工业园区预防灾害应急处理系统平台纳入工业园公共事业自动化与信息化平台建设之中，它关系到城市和工业园中千千万万人的生命安全，必须以对人民高度负责的态度去建设。

4.5 "工业园区预防灾害应急处理系统"设计和开发的规则

（1）工业园区预防灾害应急处理系统的目标是：协助各级政府行政部门及工业园区各部门迅速获取与灾害相关的信息，以便做出更科学的决策，将灾害损失控制在最小范围之内，并提高工业园区管理水平。

（2）在管理模式上，要逐步与国际接轨。提供一个服务工业园区、改善社会生活的新思路。

（3）建立一套完善的且适合工业园区具体情况的应急机制，整合社会各种应急救援部门的行政资源、装备资源、信息资源、技术资源和管理资源，使指挥中心在处置重大事故时，信息通畅、统一指挥、联合行动，为群众提供相应的紧急救援服务，为工业园区公共安全提供强有力的保障。

（4）"工业园区预防灾害应急处理系统"的设计与开发，是一个综合多个学科的高科技的结晶，因此除智能建筑与楼宇自动化专家参与外，还必须有其他相关学科的专家参与。

例如：南京市"工业园区预防灾害应急处理系统"设计研究，是由南京大学社会科学系承担，而"工业园区预防灾害应急处理系统"的结构与功能评估、系统的对策、措施与保障机制、若干潜在突发事件应急预案设计，则由河海大学相关院系承担。

（5）必须将110、112、120、119、市长公开电话等"多台合一"，"多台合一"将会减少不必要损失，这一直是世界各国设计开发"应急系统"或"紧急救援系统"的方向。例如：美国"9.11"事件中有230多名消防人员遇难，而大批警察也参与了救援活动，但只有几十名遇难。这是为什么呢？这就是由于消防紧急呼叫系统与"911"报警台不在一个平台上，警察直升飞机发现大楼即将倒塌时，及时呼叫楼内的警察撤出，而消防队员此时尚未接到指令，继续向上冲，结果导致悲剧发生。世界发达国家中，英国最早统一用999，比利时统一用900，欧盟统一用112并由瑞典SOS报警中心牵头，美国则是用911。

我国公安部计划，从今年起，三年内全国县市级公安机关要基本实现110、122和119"三台合一"。江苏省则计划年内将全部实现"三台合一"，为此江苏省已经先期投资1.6亿元。

工业园区是城市的一个重要节点。要实现"多台合一"，既有管理上的问题，也存在资金上的问题，但必须克服多种困难，进行"多台合一"。

（6）在系统设计与开发中，要因地制宜。既要快上，又要根据具体情况而定。我们建议，应该统一规划、设计，分步实施。这是比较符合国情的，例如：

1）江苏省扬州市分两期实施：一期工程任务是：完成公安、消防、急救、交通、城市应急系统，建立控制中心，实现辅助分析；实现辅助决策与初级联动，实现多处接警、分别出警、号码联动、远程出警；二期工程任务是：系统可及时将应急指挥中心的大屏幕投影电视切换到公安防汛城市三维规划、交通等专用系统的现场。完成特定的决策指挥调度，监控功能。而原有的公安、消防、交通、城管应急系统继续保持与全市应急系统连接。

2）山东青岛市两步走：2004年开始进行"公共安全应急指挥系统"一期工程建设。该平台涉及安全、消防、安监、林业、气象、地震、卫生、水利、城管、人防、海上边防等各领域。指挥系统将在这些领域之间建立资源共享和联动指挥的沟通平台，一期工程建成后，将首先实现对青岛市水利防汛、山林防火、人防监控、海上边防110等系统的语音和视频的联网，为市政府迅速掌握情况、科学决策、紧急调度、指挥提供有力保障。

3）广西南宁市和四川成都市等都分两步走。当然，如果各方面的资源丰富，条件成熟，一步到位也是可以的。以上案例，在进行"工业园区预防灾害应急处理系统"设计与开发时，值得借鉴、参考。

　　(7)"工业园区预防灾害应急处理系统"设计与开发，要结合国情、立足国内技术，当然可以洋为中用。虽然美国 Motorola（摩托罗拉）公司 30 多年来一直参与伦敦、悉尼、纽约、洛杉矶、芝加哥、亚特兰大、香港等城市灾害应急系统的设计与开发，并且于 2001 年为我国试点城市预防灾害应急处理系统进行了设计与开发，但我们不能完全照搬和依赖他国技术。

　　上世纪八、九十年代国内不少企业花费巨资引进"ERPⅡ"企业管理软件。该软件在美国是最先进的企业管理软件，在企业现代化管理中发挥了巨大作用，但在我国该软件实际能用的功能仅占其 1/3 左右，资源浪费巨大。"洋为中用"一直是我国的国策，应该提倡。目前国内大学，研究部门及技术开发公司，已有不少单位已经开发出了自己优秀的产品。例如：重庆市采用矢量式电子地图描绘，各类数据库以组件式的 GIS 软件 Super Map 2000 平台（或以 3S）系统为基础，采用微软 SQL Server 关系数据库管理系统管理数据，开发出的一些产品收到很好的效果；成都市在应急联动无线通信方面与 Motorola 进行合作；广西南宁"应急系统"和 Motorola 合作开发，但很多子系统还是由国内技术部门开发的，如：南宁市"防汛应急指挥决策支持系统"是"应急系统"的重要组成部分，就是由国内技术部门开发的。

4.6　"工业园区预防灾害应急处理系统"的分类与评估

4.6.1　"工业园区预防灾害应急处理系统"的分类

　　结合当地的情况，如空气、地理、环境等特点，对可能发生的灾害进行相关的分类，并对其进行风险的评估，然后建立相关的数据库，建立应急指挥"决策支持专家系统"。这对灾害发生时，应急指挥中心分析决策、下达救援指令，起着十分重要的作用。

　　当然，开展此项工作研发任务是十分艰难的，这需要一定的时间，需要组织各有关学科的专家经过调研，必要的测试、计算、分析、总结归纳，然后形成各种类型灾害救援专家系统。例如：重庆市，组织了以中国工程院院士为组长的专家组，对重庆市重大险情、地理信息等进行了分析总结，形成了相关的专家信息数据库；上海市，组织各学科专家对各有关的资料、数据进行分析研究，最后总结出上海市的 19 类 25 种可能发生的灾害，并形成了减灾救助预案，建立了相关的数据库。

4.6.2　关于工业园区灾害的评估

　　对可能发生的灾害风险正确地进行评估，对于灾害发生时，进行减灾救助的预案研制和应急指挥中心"决策支持专家系统"的研制是十分关键的。

根据灾害类型的不同，其评估的方法也不尽相同，例如：

（1）火灾、爆炸事故风险评估，可以采用后果严重程度的综合评估法；

（2）矿山安全评估可以采用数量化或神经网络技术等方法；

（3）道路安全评估，可以采用灰色理论和模糊理论进行评估；

（4）毒气泄漏风险评估，可以采用盒子模型评估方法等。

开展对上述评估方法的研究，需要集中各相关学科专家的智慧和劳动，完成关于工业园区灾害评估方法的研究，是工业园建设的重要组成部分。

4.7 "工业园区预防灾害应急处理系统"平台

4.7.1 "工业园区预防灾害应急处理系统"平台的组成

"工业园区预防灾害应急处理系统"平台的组成，主要包括以下基本内容：

（1）计算机信息网络；

（2）数据库管理系统；

（3）"工业园区预防灾害应急处理系统"辅助调度系统；

（4）GIS 地理信息系统；

（5）无线调度通信与有线通话系统；

（6）无线移动数据传输系统及应用软件；

（7）GPS 定位系统；

（8）各种监控及大屏幕显示系统；

（9）语音及录音系统；

（10）卫星显像图像实时传送系统；

（11）联动指挥中心安全系统；

（12）无人值守机房集中监控系统；

（13）遥测监控系统；

（14）电源管理系统。

4.7.2 "工业园区预防灾害应急处理系统"平台的划分

从整体上来讲，"工业园区预防灾害应急处理系统"平台功能，应集"语音"、"图像"、"数据"为一体，以信息网络为基础，各子系统有机的联动。

但从不同的技术角度或不同的职能来分析，整个系统又可分为三个平台、四个平台或五个平台。现以四个平台为例进行简要说明。

1. 园区基础信息交换平台

园区基础信息交换平台主要实现信息交换、应用集成、业务流程控制、统一安全体系等功能，通过它连接各个政府部门、金融机构与相关企业。

（1）实现各种通信网络系统的融合，形成园区应急指挥和社会综合服务系统的基础通信平台；

（2）实现不同行政部门、金融机构、企业应用系统之间的集成，并向其他用户提供服务；

（3）实现业务流程管理与控制；

（4）支持 Web 浏览器、语音、短信、专用客户端等多种接入方式；

（5）实现统一身份认证与访问权限控制；

（6）确保数据传输过程中的安全性；

（7）支持网络安全域技术，将不同部门应用系统以及公众服务系统划分成不同安全域，彼此互相隔离，达到网络安全效果。

2. 园区应急联动指挥平台

园区应急联动指挥平台构建在园区基础信息交换平台之上，包括各种人工和自动报警终端、统一接处警、分类/分级处警、指挥调度系统、各联动部门指挥系统和辅助决策系统共五个部分，实现统一接警、统一指挥、多方联动。系统主要面向各级行政部门，实现了紧急突发事件处理的全过程——相关数据的采集、紧急程度的判断、突发事件的上报、实时沟通、联动指挥、应急现场支持、领导辅助决策，使得相关部门对应急突发事件的情况了解更加全面、对突发事件的反应更加迅速、对相关人员之间的协调更加充分、决策更加有依据。

3. 社会综合服务平台

社会综合服务平台利用园区基础信息交换平台的基础设施，由各种用户终端、综合服务部门、政府相关业务部门等组成，主要为社会公众提供各种社会服务。主要功能应具有：

（1）实现终端的接入和相应的请求、应答信息格式转换，并提供用户交互流程的动态配置；

（2）实现服务的新建、修改、删除，服务终端界面的生成，服务流程生成以及服务的发布管理和服务状态监控；

（3）实现根据终端用户的定制情况主动传播信息；

（4）提供投诉、各相关其他部门服务的受理等功能；

（5）信息查询，提供对园区应急指挥平台上的各种综合信息的查询。

4. 电子地理信息支撑平台

这实际是一个工具性的平台，借助此平台，可为各级领导准确提供灾害发生的其他相关位置信息。

4.8　需要进一步强调的几个问题

4.8.1　工业园区应急系统的定位问题

在已经构建和将要构建的"灾害应急处理系统"中，应用了最现代的通信技术，计算机多媒体网络技术，将各种资源进行整合，统一指挥，协调一致，建立了相关的"指挥中心"，如市政指挥中心、消防指挥中心、人防指挥中心、公安指挥中心、交通指挥中心、地震预报指挥中心、电信指挥中心、急救指挥中心、防汛指挥中心、天然气指挥中心、供电指挥中心、供水指挥中心等等。

而"工业园区"是城市的重要节点，应该视情况建立相应的指挥中心，这样更利于共享信息资源，协同抗灾。即在出现紧急情况下，"应急系统"应当迅速做出反应，在第一时间对突发事件进行分析，立即向上级报送紧急情况的发生，并请求指示和支持；向同级部门通报紧急情况，并请求协同工作；向下级部门下达行动指令。而这一点，也正是进行"工业园区预防灾害应急处理系统"设计与开发的立足点、定位点。

4.8.2　关于数据集成问题

在前面曾多处提到"整合"，在计算机学科中即为软件集成，但"工业园区预防灾害应急处理系统"面对的是庞大复杂的数据处理，这是应急系统成功实施的关键。

首先，集成系统必须支持多种数据格式。来自各部门的数据源，基于不同的硬件、软件平台，基于不同的逻辑架构，信息具有不同的表现形式，这是显而易见的。因此集成系统必须提供良好的数据格式的转换、数据过滤、数据压缩、加密处理等功能。

集成系统必须支持数据交换的可靠传输，数据交换平台必须保证数据能够可靠的传输到目的节点。必须能很好的解决拥塞控制、数据优先级控制、加密、压缩、节点合法性认证，保证未经过认证的节点无法获得系统提供的任何服务。传输数据应能够通过可靠的信息队列，进行存放和发送，即使出现宕机或网络故障等情况，数据在系统和网络恢复后也可得到可靠的传输。总而言之系统必须具有高安全性。

4.8.3　工业园区预防灾害应急处理系统的再学习问题

针对不同的灾害处置、预案、事故后的评估情况，恢复情况的记录资料，可以按照要素进行科学分解，以符合灾害处置的方式，根据专家的知识，进行新的整合，形成更加完善的专家系统。

4.8.4　平时综合监管与应急指挥并重

灾害未发生时，需要系统能做到信息的采集归类和存储。这样在灾害发生时，才能更好地利用有效的手段调用各方面信息，才能真正形成监测、预警、控制、预防应急处理，恢复正常有效的灾害处理体系。

在灾害没有发生时，"应急系统"可以实现对工业园区的日常情况的监管，使相关信息在网络上进行发布，可减小操作人员处置水平的差异，提高工作效率，为上级部门和领导提供及时准确的服务。

4.8.5　关于突发事件通报

"工业园区预防灾害应急处理系统"，不仅能够自动快速进行常规的灾害报警，而且，也应该能够利用现代通信手段，如电子邮件群发、手机短信群发、传真群发等迅速准确地将灾害信息情况通知相关单位及群体、个人。例如：2004年7月10日北京暴雨及7月23日上海的大风暴雨，气象部门早已进行预报，但未采取上述手段进行通报，许多人不知道实情，造成了不必要的重大损失。

4.9　"工业园区预防灾害应急处理系统"响应能力的预演与评估

4.9.1　"工业园区预防灾害应急处理系统"响应能力的预演

"工业园区灾害应急处理系统"是一项系统工程建设。因此，该系统建成后必须经过各级领导部门，各相关专业的专家、用户、开发单位等共同进行现场测试运行评估与验收，在这一过程中有一些是虚拟的，有一些需要进行信号模拟与测试，因此事先必须制定出具体实施方案、实施步骤、所需时间和经费，报上级部门批准方可进行。

4.9.2　"工业园区预防灾害应急处理系统"响应能力的评估

工业园区预防灾害应急处理系统的响应能力是从以下一些方面进行评估的。

（1）重大危险源分析是否具体、详实。例如某些特定的环境：山城重庆地质状况；黄河边城济南防洪情况等等。

（2）工业园区灾害应急系统平台功能是否齐全、完善。

（3）工业园区灾害应急系统的响应速度（时间）快慢。以目前掌握的材料看，在世界各国，以芝加哥的"911"响应最快。芝加哥平均响应时间为1.2秒，日接报警量为1.5万件。

（4）工业园区灾害应急系统的可靠性。系统必须承受强电磁干扰，必须具有防潮、防水能力，必须具有长时间工作的UPS系统，系统必须能防雷击，以及能消除雷击产生的"瞬间浪涌电流"对系统的影响。

（5）"工业园区灾害应急系统"应具有可扩展性，系统应留有一定接口。

（6）系统定位精度必须高。系统定位精度 GPS 技术在差分模式下定位精度应小于15m，在非差分模式下定位精度应小于1cm。

（7）语音不失真，图像清晰。

（8）"工业园预防灾害应急处理系统"必须严格权限控制，应具有加密设计、防火墙设计，保证系统的安全性和可靠性。

5　工业园建筑智能化系统设计与开发

5.1　数字园区建筑智能化系统的建设规划及系统组成

这里所指建筑包括公共建筑和住宅建筑。公共建筑如办公楼、宾馆饭店、写字楼等；住宅建筑如住宅小区、社区、别墅等。

目前其智能化系统设计均按国家有关规定、规范和标准，如：《智能建筑设计标准》（GB/T 50314—2006）；《全国住宅小区智能化系统示范工程建设安全与技术指导》（试行稿）［建设技（1999）58 号］；《智能建筑工程质量验收规范》（GB 50339—2003）。

各子系统的设计也按各主管部门制定的规范和标准执行。

在行业主管部门的高度重视下，以上的标准与规范已开始陆续得到执行与贯彻，使全国智能住宅小区的建设逐步走上了规范的道路。

5.1.1　智能化系统的建设规划

智能化系统的规划设计的主要环节有：需求分析、智能系统环境调研、方案设计、主要设备选型、智能化系统深化设计。每一环节都必须慎重处理，否则将影响工程的质量。

设计内容包括方案设计、设备选型与深化设计。在此过程中，需重视的问题有以下四条：

（1）面向 21 世纪，坚持高起点，保证系统的先进性和领先性；

（2）从实际出发，以需求为依据，总体规划、分步实施、逐步升级，确保住宅社区数字化系统优化、安全可靠；

（3）设计和设备的选用应考虑技术先进、经济合理、性能可靠并具有开放性和可扩展性；

（4）功能配置应达到建设主管部门规定的基本配置要求，然后根据实际需要选配可选配置，以满足不同建筑的定位需求。

将通信、计算机、自控和 IC 卡等技术运用于建筑，通过有效的信息传输网络，将各系统的优化配置和综合应用，向住户提供先进的公共设施、安全防范、信息服务、物业管理等方面的功能，以期为办公及居住者创造安全、便捷、高效的生活空间。在住宅社区数字化系统工程设计中提倡遵循的原则如下。

可行性：系统要保证技术上的可行性和经济上的可能性。

实用性：系统建设应始终贯彻面向应用、注重实效的方针，坚持实用、经济的原则。

先进性和成熟性：系统设计既要采用先进的概念、技术和方法，又要注意结构、设备、工具的相对成熟；系统不但能反映当今的先进水平，而且具有发展潜力，可扩展、可升级，能保证在未来若干年内不落后。

开放性和标准性：为了满足系统所选用技术和设备的协同运行能力，保证工程投资的长期效应以及系统功能不断扩展的需求，必须重视系统的开放性和标准性。

可靠性和稳定性：在考虑技术先进性和开放性的同时，还应在系统结构、技术措施、设备性能、系统管理、厂商技术支持及维修能力等方面给予重视，确保系统运行的可靠性和稳定性，以实现最大的平均无故障时间。

安全性和保密性：系统设计中，不仅要考虑信息资源的充分共享，更要注意信息的保护和隔离，因此，系统应分别针对不同的应用和网络通信环境，采取必要的技术措施以保证信息系统的安全。

综合性：建筑智能化系统的设计是一项系统工程，必须综合考虑。尤其是众多的弱电系统在社区/住宅楼内的终端设备布局、布线、电缆沟、预留孔、预埋件在深化设计时必须给予完整、周到与细致的考虑。

5.1.2 建筑智能化系统的组成

1. 建筑智能化系统框架结构

建筑智能化系统的基本组成如图 5.1 所示。在本书中将对其中的主要子系统分别加以描述。

2. 建筑智能化系统功能划分

（1）按功能划分

1）家居能化：家居安防、家居自动化、家居信息化管理等；

2）建筑安全防范：周界报警、通道控制、巡更管理、闭路电视监控、车库管理、可视/非可视访客对讲、公共与紧急广播、安保管理中心等；

3）建筑信息通信：家庭布线、宽带通信接入与组网、小区综合信息服务（包括广播电视、家庭娱乐、通信及办公等）；

4）建筑物业管理：物业管理信息系统、公用机电设备监控系统、电子公告、小区 IC 卡"一卡通"系统、三表数据自动抄送系统等；

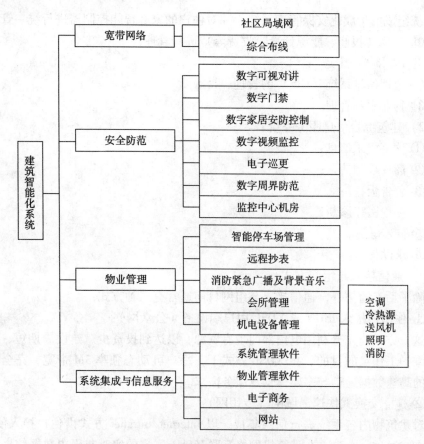

图 5.1　建筑智能化系统组成示意图

5）建筑消防：火灾自动报警与消防联动控制系统。

（2）按集成系统划分

1）物业管理服务系统：

① 供电系统监视；

② 公共区域照明控制；

③ 给排水系统监控；

④ 冷热源系统监控；

⑤ 空调与通风系统；

⑥ 火灾自动报警与消防联动控制；

⑦ 电梯运行状态监视；

⑧ 停车库（场）管理；

⑨ 背景音响与公共广播；

⑩ 由安全监视电视系统、周界报警和防盗报警系统、出入口控制系统和巡

更系统组成的集成化安保管理系统，并对住户的家庭智能控制器进行统一管理；

⑪ 信息（报修、能源计量、收费等）进行管理；

⑫ IC 卡"一卡通"；

⑬ 地理信息系统（GIS）的管理；

⑭ 物业服务管理。

2）建筑综合信息服务系统：

① 休闲娱乐信息；

② 商场购物信息；

③ 公告板；

④ 远程医疗诊断；

⑤ 同步教育；

⑥ 求助信息。

3）通信接入与组网方式：

除了话音通信外，通信接入与组网目前通常有三种方式：

① 住用户接入 ISDN 或 XDSL 用户端设备（公众网）：

这一方式能充分利用电信部门现有资源，以达到投资少、建设周期短、减少运行维护工作量的目的。在 XDSL 方式下，每户可动态独享 3M 带宽，完全满足近期的高速数据通信与多媒体信息服务需求。

② 建立交换式快速局域网（专用网）：

对建筑物内各系统进行信息集成，以 Internet/Intranet 方式供住户接入使用。这一方式通过一个建立在计算机网络互联基础上实现的实时与历史数据信息的共享，为建筑物的管理者与用户提供了统一完整的网络环境，以便有效地共享公共信息。其缺点是业主一次网络设备投资大，而小区建成初期设备使用率不高。

③ 采用光纤和同轴电缆混合网（HFC 网）构成双向有线电视系统：

在用户端设电视机顶盒和电缆调制器接入这一方式因传输带宽可达 860M，效果较好，同轴电缆的屏蔽性可以增强系统的抗干扰能力，由于有线电视已经进入千家万户，因而布线简单。其缺点是如果要完全实现交互式信息交换，必须从用户终端到楼层、大楼，直到地方有线电视台全部实现双向 860M 有线电视系统，目前无论是用户设备还是全网的设备改造费都是非常昂贵的。因此，若要大面积推广使用，尚有一定的技术与经济问题。

3. 建筑智能化系统控制网络技术

随着计算机技术、通信技术、信息技术的快速发展，自动控制技术也出现了飞跃。从上世纪 80 年代的单板机、单片机的单机控制，到上世纪 90 年代的主从式的 DCS（集散系统）控制系统，之后又发展到全分布式的控制网络。近年来，随着网络技术的快速发展，又提出了远程控制，远程管理的需求。因此，控制网络技术在社区数字化系统中是十分重要的，着重介绍现场总线技术的概念以及在社区数字化系统中用到的几种控制网络技术，例如 LonWorks 技术，BACnet 协议以及基于以太网的控制网络技术。

5.2 建筑智能控制系统及总线结构

5.2.1 现场总线特点及发展趋势

信息技术的飞速发展，引起了自动化系统结构的变革，逐步形成以网络集成自动化系统为基础的企业信息系统。现场总线（Fieldbus）就是顺应这一形势发展起来的新技术。现场总线技术是一种全数字化，双向，多变量，多点多站的通信系统。其采用了网络技术、微处理器技术及软件技术，实现了传感器与执行器之间的数字联网。现场总线使控制系统发生了概念上的全新变化，使传统控制系统的结构发生了根本的变化。

新型的现场总线控制系统突破了 DCS 系统中通信由专用网络的封闭系统实现所造成的缺陷，把基于封闭、专用的解决方案变成了基于公开化、标准化的解决方案，即可以把来自不同厂商而遵守同一协议规范的自动化设备，通过现场总线网络连接成系统，实现综合自动化的各种功能；同时把 DCS 集中与分散相结合的集散系统结构，变成了新型全分布式结构，把控制功能彻底下放到现场，依靠现场智能设备本身便可实现基本控制功能。

现场总线另外一个重要的发展趋势是与信息网络的互联互融。随着信息技术的快速发展，人们对控制网络的需求不仅仅是控制局域网的概念，人们希望能够实现远程控制和远程管理。为了实现远程控制与远程管理，必须解决控制网络与互联网（Internet）的互联互融的技术问题，这也是现场总线发展的必然趋势。

5.2.2 智能建筑控制系统中常用的两种通信协议

1. LonWorks

LonWorks 是一种具有强大功能的现场总线技术。它由美国 Echelon 公司推出并与摩托罗拉、东芝公司共同协作，于 1990 年正式公布并形成。它采用了 ISO/OSI 模型的全部七层通信协议，采用了面向对象的设计方法，通过网络变量把网络通信设计简化为参数设置，其通信速率从 300bps ~ 1.5Mbps 不等，直接通信距离可达 2700m（78kbps，双绞线）；它支持双绞线、同轴电缆、光纤、射频、红外线、电力线等多种通信介质，同时开发了相应的本质安全防爆产品，被誉为通用控制网络。

LonWorks 技术所采用的 LonTalk 协议被封装在称之为 Neuron 的神经元芯片中。集成芯片中有 3 个 8 位 CPU，一个用于完成开放互连模型中第 1、2 层的功能，称之为媒体访问控制处理器，实现介质访问的控制与处理；第二个 CPU 用于完成第 3~6 层的功能，称之为网络处理器，进行网络变量的寻址、处理、背景诊断、路径选择、软件计时、网络管理，并负责网络通信控制，收发数据包等工作。第三个 CPU 是应用处理器，其功能是执行操作系统服务与用户代码。芯片中还设置有存储信息缓冲区，以实现 CPU 之间的信息传递，分为网络缓冲区和应用缓冲区。

Echelon 公司的技术策略是鼓励各个 OEM 开发商运用 LonWorks 技术和神经元芯片，开发自己的产品。据称，目前已有 4000 多家公司在不同程度上卷入了 LonWorks 技术，2000 多家公司推出了 LonWorks 产品，组织了 LonMARK 互操作协会开发推广 LonWorks 技术与产品。它已被广泛应用在楼宇自动化、家庭自动化、保安系统、办公设备、交通运输、工业过程控制等行业。除此之外，在开发智能通信接口、智能传感器方面，LonWorks 神经元芯片也具有独特的优势。

2. BACnet 协议

楼宇自动化系统（BAS，Building Automation System）出现于上世纪 70 年代末期。由于各个生产厂家开发的都是自己专有的通信协议（Proprietary Communication Protocols），因此，不同厂家控制设备之间的通信需要"网关"（Gateways）来解决，这使得应用工程师和用户在同一个 BAS 系统中选用不同厂家的产品变得非常复杂和昂贵，应用工程师、用户的选择范围和灵活性受到很大限制，甚至被"锁"在一个供应商的产品上，最终是用户的系统性能和投资效益受到损失。

社会需求推动着技术的发展。人们期待着开放的、统一的通信协议，亦即不同厂家的产品能够采用共同的"语言"和"语法"轻松地进行"交谈"。最终的目标则是希望形成一个"即插即用"（plug-play）的环境，使得 BAS 系统可以容易地进行组态和变更。

国际标准化组织（ISO，International Organization For Standardization）于 1984 年公布了"开放系统互连模型"（OSI，Open Systems Interconnection model），这是推进通信协议标准化的重要一步。

BACnet（Building Automation and Control Network）标准以 ISO/OSI 模型为基础，朝着使不同厂家产品能够相互通信而无需中间网关的方向努力。

5.2.3 工业以太网技术在智能化系统中的应用

基于以太网的控制网络的设计思想是将智能建筑看作一个统一的整体，所有的测控信息点直接基于以太网，网络上建立基于 WEB 的虚拟子系统服务体系。这种系统的概念，从物理上讲只有各种不同的测控点，不再是传统意义上的子系统概念了。但是它完全可以满足智能建筑的实际需要，也就是说，采用基于以太网的控制网络打散了传统子系统的概念，重新整合其信息点。

其实，工业以太网正在蓬勃发展，采用以太网作为现场测控平台已不是一个新鲜事物，国外的核加速器的最新测控方案都选择了这种以太网现场测控平台，主要原因是采用以太网作为控制网络有其先天的优势：

（1）软硬件协议开放、完善；

（2）线路双端变压器隔离，抗干扰性强、防雷性能好；

（3）速度快、网络速度可达到数千兆，可同时传输控制信息、音视频数据；

（4）可达性强、数据有多条通路抵达目的地，抗线路故障能力强；

（5）系统容量几乎无限制，不会因系统增大而出现不可预料的故障；

（6）作为信息传输介质，性价比高；

（7）设备市场基础好。

北京楼宇自动化工程中心在国内首先实现了这个设计方案。他们选择以太网并把它同时作为现场测控物理平台（即综合布线），让每一个测控点都变成一台服务器，都遵循以太网标准协议。不再使用 LonTalk 和 BACnet，而是使用 TCP/IP。在此基础上利用当前最先进的网站建设技术，建造一个专业网站，用来提供基于 WEB 技术的智能建筑的控制和管理。

智能建筑的各个子系统的测控点分为如下几类：模拟量输入（AI）、数字量输入（DI）、模拟量输出（AO）、数字量输出（DO）、脉冲输入（FI）、脉冲输出（FO）。这些参量都可以通过各种模块直接集成到以太网中。真正意义上的 IP 电话、IP 摄像机、IP 音箱等都可以直接集成到以太网之中。传统设备，例如：电梯系统、火灾报警系统一般提供 RS232 或 RS485 接口，采用网关转换模块集成到以太网当中。另外，系统还提供以太网到 GSM/GPRS 无线网络系统的网关接口，实现远程的测控。例如系统的报警信息即可通过此网关直接发送到手机上，也可以通过手机对系统进行控制。整个系统的结构可参考图 1.6 所示。

用这种方法即把整个系统包括空调、照明、动力、给排水、火灾报警、安防、巡更、计量、门禁、电话、视频监控、GSM/GPRS 网络等系统的状态参量直接集成到以太网之中，这是智能建筑基础设施集成的最佳方案。整个系统不再依赖于子系统和子系统厂家，而是依赖于几十年来一直被人们称为可信、可靠的以太网。采用实时数据库对这些设备进行底层的管理。实时数据库的上层是虚拟子系统。例如空调控制虚拟子系统、动力监控虚拟子系统、安防虚拟子系统等等。由这些虚拟子系统实现将与某项功能有关的信息点组织起来，通过运算、处理、控制完成其功能，并同时接收处理来自客户端的控制命令和参数。人对整个系统的操作控制是通过系统提供的 WEB 服务来实现的，通过浏览器可以对系统进行监视和控制。图 5.2 给出了基于以太网的开放系统架构图。

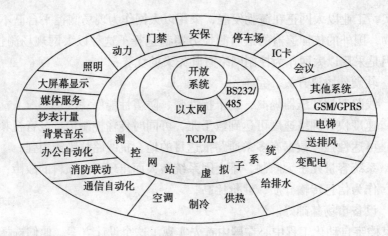

图 5.2　基于以太网的开放系统架构图

由图 5.2 所示的架构图，可以看出整个系统的复杂程度降低了，布线系统只有以太网的综合布线。系统有完美的开放性，可升级性，扩充性。前期的投资降低了，后期的维护简单化了。当然由于消防部门的要求，火灾报警联动系统还需要单独布线，最后通过 RS232/485 接口将其集成进来。

5.3　建筑机电设备监控系统

5.3.1　机电设备监控系统建设内容及设计原则

随着生活水平的不断提高，人们对工作及居住环境的要求也越来越高，配置了大量的机电设备，比如空调、冷热源、电梯、水箱、水泵、排风机、供配电等公共设备，这些设备数量多，位置分散，一旦出现故障，如不能及时发现和排除，会对整个建筑物的正常工作、生活造成影响，因此，建立一套先进的公共设备监控系统是十分必要的。

公共设备监控系统通过联网的智能控制器对建筑内的各种公用设备（如空调、冷热源、电力、照明、给排水、电梯等）进行实时集中监控和管理，当建筑内的各种公用设备发生故障时，中央计算机能及时发出报警信号，并指明发生故障的设备名称和地点，以便物业管理人员及时处理故障。同时，系统还能对各种闸盒、开关的启闭进行遥控，定时控制小区公共照明、楼层照明、喷水池灯光照明和绿化喷灌等。

5.3.2　建筑公共设备监控系统的组成及功能

建筑公共设备监控系统通常应完成以下的一些功能：

（1）空调系统：送回风温度、湿度风机启/停等监控；

（2）新风机组：温、湿度风机启/停等监控；

（3）冷热源系统监控；

（4）给水泵运行状态的显示、控制、查询、故障报警；

（5）生活水箱水位检测，低水位、溢流水位报警；

（6）集水井水位检测，低水位、溢流水位报警；

（7）公共照明当前状态的显示、查询、故障报警，以及公共照明回路的开启设定；

（8）电梯运行状态显示、查询、故障报警；

（9）航空障碍灯状态显示、查询、故障报警等。

公共设备监控系统由智能化监控管理中心、通信网络、公共设备监控子系统组成。每个公共设备监控子系统又可分为若干个现场监控单元，所有现场监控单元通过通信网络和位于社区的智能化监控管理中心的监控主机连接在一起，构成一个分布式的公共设备计算机监控系统。公共设备监控系统的结构组成如图5.3所示。

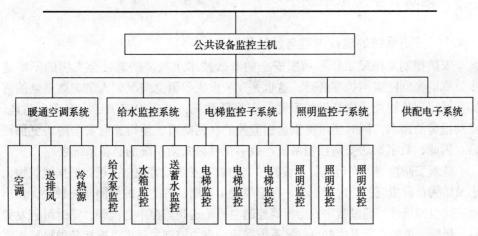

图 5.3 社区公共设备监控系统组成

在图5.3中，对于社区公共设备监控系统，给水、照明、绿化浇灌、冷热源设备、航空障碍灯等监控单元，采取了数字量的输入/输出控制，加上输入/输出接口电路，以实现开关量的监测输入和控制输出。一般情况下，图5.3 社区公共设备监控系统中的电梯，都采取了各厂商自己设计的专用通信协议。因此，电梯监控单元需要根据具体的电梯进行针对性设计，如果电梯的控制设备能提供标准的通信接口（RS232或RS485）和通信协议，那么就可以用进行监测输入；电梯监控单元只能从外部的电梯停梯位置等状态开关中得到电梯的状态信息。否则前后任一种情况均可以实现电梯的监控。

5.3.3　机电设备监控系统设备选型

目前，绝大多数系统集成商对智能小区 BAS 系统的设备选型和楼宇 BAS 的设备选型同等对待，基本上选用的是美国 Honeywell EXCEL5000 系统、美国江森 METASYS 系统、美国 TAC（安德沃）、美国 ALC（Automated Logic Corporation）BACnet 系统等。

一般情况下，按业主要求，需完成社区公共照明、给水设备的监控、绿化浇灌、冷热源设备的监控、航空障碍灯和电梯运行状态的监视，如果使用上述产品，即使选用价格较低的产品，业主也会认为投资太大。针对一般社区的 BAS 系统需求相对简单的特点，本着经济、实用、可靠的原则，可以选用台湾研华研发的工业计算机或 LonWorks 远端采集控制模块，开发一套适合于智能小区的公共设备监控系统。目前，有些公司研发了基于以太网的工业控制网络，打散了子系统的界线，重新整合信息点，把 I/O 模块做成小网站，直接接入以太网，针对分散的公共设备监控这种设计理念进行设计可以说效果是很好的。

5.4　建筑安全防范系统

5.4.1　安防系统的建设内容与设计原则

安防控制是保障工作和居家安全的有效技术手段。随着社会文明的不断进步，取消家庭防盗网势在必行，这也是发生火灾等紧急情况时人员疏散逃生的需要。运用现代科技手段开发的家庭防盗报警系统，完全能够满足家庭安全防盗、自动报警的需求，同时还可提供远程监控的联网防范，使得家庭安全防盗更加可靠。因此，数字家居安防控制系统是数字化社区安防系统的必备系统之一。

建筑安防控制，在建筑物均设置独立的数字安防报警控制主机，根据建筑物大小及结构布设相应的防区探测器，在事故发生初期，各防区的探测器被触发，发出数字式报警信号，通过数字安防报警控制主机传送到监控中心报警，同时可触发警号，提醒人员注意所发生的事件。系统采用的室内控制主机可以连接各种报警探测器，如：红外线防盗报警、煤气泄漏报警、紧急按钮、门磁、电子锁等。进行安全集中监控，实现安全管理。图 5.4 所示的是建筑安防系统组成框图。

5.4.2　建筑视频监控系统

建筑视频监控系统是工业园安保系统的重要组成部分，是不可缺少的视觉延伸。在监控点的配置上，既要在总体上把握整个社区的安全态势，又不能给住户带来过多的心理压力，从这两点考虑，监控点应设在社区的主要出入口、偏僻少人处、特殊的公共场所及电梯内等重点位置。对这些区域的人员活动情况进行固定监录，从而掌握整个社区的安全动态信息。

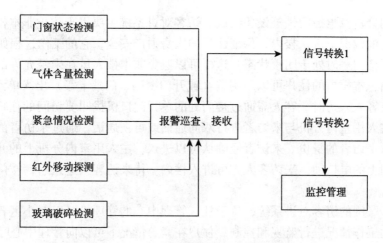

图 5.4　建筑安防系统组成框图

视频监控通过视频捕捉设备，将摄录的视频信号实时传输至管理中心，实现社区的全面动态监控。

为实现建筑物的有效监控管理，及时发现突发的安全事故，将事故隐患消灭在萌芽之中，在主要出入口、公共活动场所、重要设施安放场所等地方，将设置摄像机，在重要部位将设置快速球形摄像机，确保对易产生安全隐患的地区实现全面监控。

视频监控系统的设置目的是为保障社区住户的生命财产安全。其重要作用在于防患于未然，因此系统应合理地利用社区数字化资源，与周界防范系统实现联动功能，在出现异常情况下，能够实现快速捕捉、特殊跟踪，记录情况发生的过程，为管理人员决策提供依据，有力地保证社区居民的正常工作与生活。

数字式视频监控系统应充分考虑实用性、可靠性、高效性等诸多因素，采用计算机控制管理，使传统模拟闭路监控系统的缺点在一定程度上得到改善，系统计算机将所有视频信号以数字信号的方式进行储存，其高清晰的图像质量、大容量的数据记录能力、长时间的保存功能，将监控管理系统提高到一个崭新的阶段。

为实现数字化监控，建筑物主出入口、停车场出入口、单元楼大门口、电梯轿箱应设置固定摄像机，周界、游泳池、活动中心广场等场地应设置全方位监控点。此外监控点将尽量设在不易被发现的地方，或使用一定的处理措施，将摄像系统设备融入周围环境中，避免由此给社区居民生活带来不必要的影响。

5.4.3　访客对讲系统（居住建筑物）

访客对讲系统分为非可视对讲和可视对讲两大类，它由管理机、单元门口主机、室内分机及电控门锁等设备组成。访客对讲系统主要用于防止非本楼人员在未经允许的情况下进入楼内，保证住户的人身财产安全，它的工作过程如下。

单元楼门平时处于闭锁状态，这样可以避免非本楼人员在未经允许的情况下进入楼内，本楼内的住户可以用钥匙（或开门密码、门禁卡等）出入单元楼门。

当有客人来访时，客人需通过楼门处的单元门口机拨叫要访问的住户；被访住户的主人用室内分机与来访者进行双向通话或可视通话，通过来访者的声音或图像确认来访者的身份。来访者经确认可以进入，主人用室内分机上的开门按钮控制楼门上的电控锁，来访客人方可进入楼内。待来访客人进入后，楼门将自动关闭。

对于联网的访客对讲系统，位于社区管理中心的管理机可以对小区各住宅楼门口机的工作情况进行监视和控制；住户在紧急情况下可以向管理中心呼救。

5.4.4　门禁系统

随着科学技术的进步以及现代社会发展的需要，传统以锁匙代表进出权限的时代正逐步消失。一种集信息管理、计算机控制、IC卡技术于一体的全新智能门禁管理产品走进了我们的生活。

出入口门禁控制系统采用先进的计算机技术、智能卡技术及精密机械制造技术等，采用磁卡、条码卡或集成电路卡作为房门开启的钥匙。非接触感应式集成电路卡具有使用寿命长，抗干扰能力强，不能复制，安全性能高等特点，从而提高了通道门、安全性和可靠性，是未来门锁控制的发展方向。

门禁系统通常由门禁控制器、门禁读卡器、电控锁口、网络扩展器、管理计算机等组成，系统框图如图5.5所示。

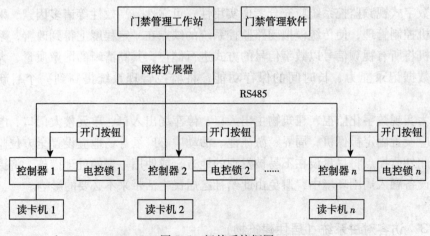

图5.5　门禁系统框图

门禁系统的工作过程一般是：住户进门时将门禁卡靠近读卡器进行读卡，读卡器接到 IC 卡信息后，门禁控制器首先判断该卡号是否合法。如合法则发出"滴"一声，绿灯点亮，同时开锁，并将该卡号、日期、时间等信息保存以供查询，否则门不打开；红灯亮时，蜂鸣器发出"滴滴"两声。

5.4.5 电子巡更系统

巡更系统一般分为非在线式（无线）巡更和在线式巡更系统两种。在线巡更系统，又分为用卡巡更和用巡更钮巡更。本质上这两种系统并无太大的区别，只是在线巡更系统可以给巡更人员一种实时的保护。

1. 非在线式巡更系统

非在线式巡更系统主要由采集器、数据传送器及巡更钮组成。系统工作时通过采集器采集巡更钮的号码，并存储在采集器内，反馈到中心后，通过数据传送器将采集器的信息传输至计算机内进行处理、显示、查询、备份等。系统设计时，只需按巡逻路线进行顺序安置巡更钮即可。由于系统结构及原理简单，因此，本节将不对此做过多阐述。

2. 在线式巡更系统

为了既能实现巡更功能又节省造价，目前，在建筑智能化系统设计中，把巡更系统设计到门禁系统中已逐渐变成常规，利用现有门禁系统的现场控制器的多余输入点来实现实时巡更输入，已成为最佳选择。

5.4.6 停车场管理系统

该系统主要由计算机系统、读卡机、管理软件、发卡设备、打印机和其他的辅助设备等组成。该系统主要功能为：刷卡进入自行车库，入口处安装红外线感应头，当人车进入室内一定距离后，防盗移门自动关闭。出口处也一样，居民刷卡后出车库，当人车到达安全距离后，红外感应头控制关门。该系统的主要功能特点是：

（1）系统实时联网，可及时挂失，有黑名单功能，杜绝失效卡进入车库；

（2）自动汇总数据，按要求生成报表。

5.4.7 周界防范系统

周界防范报警系统主要是监视建筑物周边情况，防止非法入侵。传统的围墙加人防很难实现全面有效的管理，周界防范报警可对周界实行 24 小时全天候监控，使保安人员能及时准确地了解小区周界的情况，可实现自动报警及警情记录以便事后查询。

周界防范系统的组成，一般是由位于现场的前端探测器、位于园区安防控制中心的报警主机、报警联动、报警联网等组成，系统结构如图5.7所示，图中R表示接收端，T表示发射端。

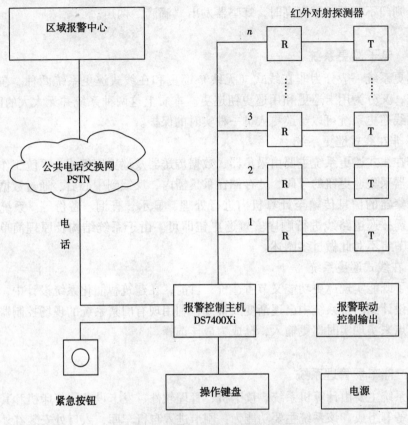

图 5.7　周界防越报警系统结构

5.5　建筑智能化系统监控中心

　　监控中心是系统的神经中枢。管理人员通过监控中心的控制设备管理各子系统的终端，各子系统的终端只有在监控中心的统一协调管理控制下，才能有效正常地工作。因此，监控中心的地位显得十分重要。各个子系统的控制设备可以独立设置分管理中心，也可以集中设置在监控中心内。例如广播控制中心、消防控制中心、监控中心等，可以合理地把它们设置在监控中心内，进行集中管理。

　　基于数字化监控中心的重要性，对其设计就必须充分考虑：合理、安全、方便、环境等综合方面；使其既能够充分发挥自身的功能，又能使管理人员方便舒适、有效、安全地管理。根据建设单位和安全防范规范标准，社区的中心监控室是社区弱电系统的数字化监控中心，由周界报警系统、闭路电视监控系统、楼宇访客对讲系统、家庭安防系统、电子巡更系统、公共及消防紧急广播系统、机电设备控制系统、IC 卡一卡通系统、电子公告屏系统、UPS 电源供电系统等组成。

监控中心必须提供下列一些基本功能：

（1）能提供系统设备所需的电源；

（2）监视和记录；

（3）输出各种遥控信号；

（4）接收各类系统的运行与报警信号；

（5）同时输入输出多路视频信号，并对视频信号进行切换；

（6）时间、编码等字符显示；

（7）内外通信联络。

5.6 建筑智能化系统实施要点与步骤

5.6.1 实施要点与步骤

1. 实施要点

根据建设主管部门对设计、施工的有关规定，建筑智能化系统的实施应制定全面的质量保证体系以确保系统的设计合理和工程质量。

建筑智能化系统的实施，一般可分为三个阶段：

（1）建筑智能化系统规划设计；

（2）建筑智能化系统工程实施；

（3）建筑智能化系统工程验收与质量评定。

2. 建筑智能化系统工程的实施步骤

建筑智能化系统工程的实施，是实现建设目标的过程，应严格遵循设计要求，避免因工程实施中的失误而带来的经济损失。

建筑智能化系统工程实施一般包括以下步骤：

（1）建筑智能化系统工程施工图；

（2）配合室内预装修工程完成室内布线；会审；

（3）编制建筑智能化系统施工进度表；

（4）配合土建工程完成室外布线；

（5）完成主机设备、探测器安装和线路端接；

（6）分系统完成调试；

（7）分系统进行验收；

（8）系统联调；

（9）系统开通试运行；

（10）系统软件完善；

（11）物业管理人员培训等。

5.6.2　验收与评估

建筑智能化系统工程验收与质量评定，是对建筑智能化系统的设计、功能、产品以及工程施工质量的全面检查。通常由房地产开发商组织有关职能部门、系统工程承包商、工程施工单位进行全面的工程验收和质量评定。在建筑智能化系统稳定运行三个月以后，具备了相关条件，即可组织验收。

1. 工程验收的文件准备

（1）系统竣工报告书；

（2）系统验收规范；

（3）系统功能描述；

（4）系统技术参数设定表；

（5）系统竣工图与有关资料；

（6）系统测试报告等。

2. 工程验收的条件

（1）系统操作和管理人员的培训；

（2）系统维护和维修人员的培训；

（3）制定规范化的系统操作规程；

（4）系统正常运行记录与报警信息的处理记录等。

3. 工程的验收质量评定

（1）对照系统验收规范；

（2）对各类系统，检查、测试其功能与运行的可靠性；

（3）审查工程竣工图和竣工资料；

（4）现场工程施工质量检查与评估；

（5）建筑智能化系统功能复核检查与评估；

（6）通过工程验收报告书。

经过多年来建筑智能化建设，我们已经积累了一定的经验与教训，在行业主管部门的指导与管理下，建筑智能化系统工程质量日益提高，投资效益正在显现。

6 工业园数字企业

6.1 工业园数字企业概述

6.1.1 工业园"数字企业"的定义

1. 什么是"数字企业"？

"数字企业"（Digital Enterprise 或 e-Enterprise）是指，企业内部和外部的业务实现了数字化（信息化）的企业，也就是说，企业实现了自身数字化管理、数字化制造和数字化营销。

数字化管理（Digital Management）是指利用计算机、通信、网络、人工智能等技术，量化管理对象与行为，实现计划、组织、协调、服务、创新等职能的管理活动和管理方法的总称。数字化管理是企业的神经中枢，是企业管理和组织理论的延伸，它涉及企业的战略发展、管理制度与组织机构等。数字化管理有利于提高企业竞争力，具有成本型竞争优势和知识型竞争优势：数字化管理具有一次性投入（固定成本）高、可变成本低的特征；信息技术使企业以较低的信息或知识成本实现共享管理成本，建设知识型企业。数字化管理将建立网络化、扁平化、柔性化的组织体系和组织形式，实现业务流程再造，提高管理和服务效率。

数字化制造（Digital Manufacturing）是指通过全面采用现代信息技术、新材料技术、柔性制造技术等一系列高新技术，实现设计数字化、制造装备数字化、生产过程数字化，实现设计制造一体化、物流/资金流/信息流/商流一体化；通过发展敏捷制造（Agile Manufacturing）、精益生产（Lean Production）、大规模客户化定制生产（Mass Customization）等先进的生产方式，加快产品制造、适时生产（即 JIT）、提高效能和效率，体现先进制造技术向智能化、精密化、绿色化、柔性化、个性化、网络化、虚拟化和全球化发展的方向；通过将供应商、制造商、分销商、零售商、直至客户进行无缝集成、连成一体，整合流程，实现供应链管理的数字化，由价值链、供应链的整合而产生虚拟企业与动态联盟，实现"四流合一"，即以物流为依托，资金流为形式，信息流为核心，商流为主体，使商品流通更加顺畅，实现库存优化乃至零库存管理；通过使用最新技术来积极地消除企业关键性业务流程的管理与执行中的延迟，加快商务速度，实时了解发生的事件，从而实现实时企业（RTE，Real-Time Enterprise）；从而能够运用现代先进的生产技术和科学的管理，以最快的速度开发出满足客户需求的产品，提高企业对市场变化的快速反应能力。

数字化营销（Cyber Marketing）是指借助于互联网络、计算机通信技术和数字交互式媒体技术通过 CA 认证和网上支付等技术手段，将潜在交换变换为现实交换，实现营销目标的一种营销方式。作为一种新的营销模式，数字化营销是以网络市场调研为前提，从消费的需求出发，以客户为出发点，实现企业和客户之间不需中间分销渠道、不断交互的"一对一"的个性化营销（one-to-one market-ing），是基于全面的客户关系管理（CRM）的客户关系营销。数字化营销是软营销，其主动方是客户，软营销的目的是为了满足客户的需求，保证实现客户的终身价值，提高客户的忠诚度，以同时达到利润最大化和满足顾客需求两个目标；在数字化营销活动中，客户参与和选择的主动性大大增强，客户在整个营销过程中的地位得到显著提高。数字化营销是一种网络营销，可打破时空界限，扩大营销范围；它是一种网络直复营销（Direct-response Marketing），具有即时互动性，企业可根据直接交互记录，统计到客户明确回复的数据，对营销效果进行评价，进而改进营销工作，即数字化营销是可测试、可度量、可评价的。

总之，数字企业是通过使用数字技术使企业的战略选择发生变化，并大大拓展选择范围的新型企业。通过数字化，一个真正的数字企业可以大大促进和改观整个组织的效率、速度和创新度，进而实现大幅度增值。

工业园数字企业是在数字工业园的统一规划下，充分利用数字工业园所提供的基础设施服务、基础信息服务，通过信息交换平台、电子政务服务、电子商务服务、ASP 服务等 IT 基础设施，充分发挥数字工业园的相关上下游企业联盟作用、充分利用数字工业园的物流服务，将企业内部和外部（或前台和后台、上游和下游）的业务以及各个环节的业务，在管理、制造和营销三个方面皆实现了数字化（信息化）的企业。

数字工业园一般吸引高新技术、环保型的企业入驻。从生产类型或运营模式看，入园企业一般为离散型企业或半连续型（半流程型）企业；从行业类型区分，可包括机械制造、电子元器件、手机、汽车、医疗设备、服装、玩具生产、五金、家具等离散型生产类企业，生物制药、小型精细化工、材料等半连续型生产类企业，贸易企业等商业类企业，物流等服务类企业等。具体到某个工业园区，则根据其所在城市的具体特点和优势来确定。

2. 数字企业的特征

工业园数字化企业建立在集成化企业战略框架和先进的企业经营理念、管理方法、信息技术的基础上，其特征如下。

（1）协作性

数字企业要进行企业与供应商、经销商、客户之间整个供应链的建设，实现与上下游企业之间共享信息和业务过程。园区内数字企业要实现各企业间的互补协作，形成战略联盟。市场竞争已不再是企业与企业之间的竞争，而是企业的供应链之间的竞争。每个企业都将精力集中在其核心能力上，并互补合作伙伴之间的能力，使赢得市场竞争成为整个供应链企业的共同目标，在企业之间创造一个"共赢"的企业文化氛围。

（2）虚拟化

采用动态联盟的方法，通过构建虚拟企业来完成产品的设计、制造和服务。各企业业务与信息系统之间采用相容的部件、共同的业务标准、统一的数据接口；业务过程将跨越具体的物理企业边界，在全球范围内运作。

（3）信息服务共享型

工业园数字企业要充分发挥工业园的作用，充分利用数字工业园所提供的基础设施服务、基础信息服务、信息交换平台、电子政务服务、电子商务服务、物流服务、ASP 服务等 IT 基础设施，实现数字企业建设。

（4）学习型

"知识"可称为企业最重要的资产，学习和管理"知识"是企业赢得未来市场竞争的重要能力。

（5）敏捷化

敏捷化的企业能以最快的速度、最低的成本、最好的柔性调整其生产组织结构，以响应市场的变化。敏捷化要求企业的业务组件具有自治性、可重用性，其包括业务过程的可快速重组、制造系统的可快速重构、业务单元的可快速扩展；要求企业有很强的自适应能力，可以根据市场的变化迅速完成自我调整，迅速与合作伙伴之间形成新的合作流程，迅速把新技术转化为市场需要的产品。

（6）精良型

创造一个精良型企业意味着消除不增值的过程和最小化一切不增值的元素。

（7）数字化设计

通过产品设计手段与设计过程的数字化和智能化，缩短产品的开发周期，提高企业的产品创新能力。

（8）制造装备数字化

通过制造装备的数字化、自动化和精密化，提高产品的精度和加工装配效率。

（9）生产过程数字化

通过生产过程控制的数字化、自动化和智能化，提高企业生产过程自动化水平。

（10）管理数字化与集成化

通过企业内外部管理的数字化和最优化，提高企业的管理水平；通过集成形成数字化企业，实现全球化环境下企业内外部资源的集成和最佳利用，促进整合企业的业务过程，调整组织结构与产品结构，提高企业的竞争能力。

综上所述，"数字企业"与"传统企业"相比具有很大的不同，可以说没有任何东西能够像数字化那样深刻地改变着企业原来的方方面面，包括新的运营规则、新的企业结构、新的市场结构、新的公司形式、新的商业模式、新的管理模式、新的业务流程等。因此，必须以全新的视角来看待它。

3. 从不同角度来描绘数字企业

（1）从业务参与者角度看

一个数字企业应面向参与业务活动的三方，即生产商、供应商、消费者构建企业内联网、外联网和互联网将这三个部分组成有机联系的数字企业、互联互通、资源共享。这三个部分组成的有机整体将构成一个完整的数字企业。这三个部分采用电子化、信息化技术将企业内部，企业之间资源进行整合。企业内部、企业与其供应商、销售商应建立起信任、合作和协同的氛围，只有这种双赢的氛围才能防止信息技术投资的浪费。信息技术使信息的电子交换得到充分实现，为了共同的利益，一些零售商、生产商与其供应商或紧或松地合作，以削减存货和成本，改进产品和增加灵活性。

（2）从供应链管理角度看

一个完善的数字企业必须实现供应链在企业内外的有效衔接，企业内部供应链的信息系统必须与企业内部的业务系统如 ERP、CRM 等有机结合在一起。

（3）从客户角度看

一个数字企业实现了与客户的直接交互，客户面向的是一个企业或一个供应链组成的动态企业联盟接受其提供的个性化全方位服务。ERP 系统是企业供应链管理 SCM 实现商务协作的基石，为 CRM 提供了丰富的数据，而 ERP、SCM、CRM 只有有机结合，才能为客户提供满意的产品和服务。

（4）从应用系统集成角度看

一个企业的经营主要涉及以下三个方面：一是实现生产 ERP 系统，优化生产过程，降低生产成本和提高工作效率；二是实现客户关系管理 CRM，为客户提供优质的服务，改善与客户的关系；三是实现供应链管理 SCM，建立与供应商、分销商之间快速的合作与交流渠道。显然，一个完善的数字企业应该能够快速地响应并满足客户的需求，实现前台（Web 系统）与后台（执行系统）紧密结合。

最后，应指出的是，数字企业的技术基础是现代信息技术，随着 IT 等高新技术的发展，数字企业概念的内涵和外延必定会随着时代的发展而不断发展。

6.1.2 工业园数字企业的需求

数字企业是信息经济时代电子商务发展到一定阶段的必然产物，是企业应对新时代竞争的必由之路。

1. 企业面临的挑战和机遇

信息经济及网络技术的发展，加速了生产要素在全球范围内的流动和优化配置。跨国企业通过信息资源的深度开发和信息技术的广泛应用，实现了提高经营管理与决策效率，降低产品与服务成本，拓展网络业务，实施纵向多元化，确立在经济全球化中竞争优势等多重目标。为了使企业尤其是代表国内先进水平的工业园区的高新企业，在市场竞争中争取主动，应抓紧利用过渡期的有限时间，积极应用先进技术，特别是信息技术，加快企业技术进步，实现科学管理，提高技术创新水平，提高竞争力。

在计算机网络高速发展的信息时代，中国企业面临的最大挑战，就是如何利用电子商务对自身的管理和运作方式进行根本性的变革，并充分利用电子商务带来的商业机会，提高企业的国际竞争力，实现企业的高速发展。尤其对中小企业而言，电子商务的发展使其在利用信息资源方面与大企业处于同一起跑线上，能获得自身以常规方式无力收集的市场信息，为开拓国际市场创造机会，提高国际竞争力。

企业信息化建设与电子商务是基础和发展的关系。事实上，电子商务的信息优势主要取决于企业的信息化程度，企业信息化程度的高低制约着企业的市场竞争力，从而决定了电子商务信息优势的发挥与创造。Internet 的高效率必须与企业运营的高效率相匹配，才能为企业带来快速、准确的商机，使企业受惠于电子商务。而企业高效率运营管理只有通过企业信息化建设后的数字化管理才能实现。

由 Internet 和电子商务发展而来的信息经济或 Internet 经济，将促使生产活动和商务活动从形式到内容都发生结构性的深刻变化，竞争态势、市场结构、行业结构、企业结构、公司形式、业务流程、管理模式等也将随之而变。为了迎接这些变化带来的挑战，企业必须走数字化的道路。数字化应该是进入信息经济时代，企业生存发展和保持竞争优势的战略选择。

2. 数字企业的需求问题

（1）企业管理和服务效率低下

同国外企业相比，国内企业最致命的弱点是缺乏效率。就目前而言，实现中国企业信息化的技术障碍是根本不存在的，与国外企业之间的差距也不是不可超越，最重要的是如何改变企业管理者的观念，企业管理者应利用数字企业建设的机会，在对企业进行技术创新的同时也要进行管理创新，为企业的管理变革提供一个最佳的平台。通过建立网络化、扁平化、柔性化的组织体系和组织形式，实现业务流程再造，快速满足客户的个性化产品或服务要求，提高管理和服务效率。

（2）信息孤岛现象严重

国内企业经过多年的信息化建设成绩明显，但由于种种历史原因及信息技术发展的局限性，目前存在着严重的信息孤岛现象，同时存在着"散"、"乱"、"低"的情况。"散"主要表现在：以前开发的应用系统，以部门为单位整体化开发的较少，以处室、甚至是以岗位为单位进行开发的居多，造成信息系统和数据资源分散，企业数据重复采集、相关数据不一致、信息和数据利用率不高，没有形成统一的资源；"乱"主要表现在：企业目前拥有的应用系统，形成时间跨度大、技术架构呈多样性、实现手段各异、采用的平台产品也不尽相同，系统模式从最初的个人单机应用到局域网上大量运行的 C/S 结构，再到现在普遍采用的 B/S 模式，系统层次架构也从两层到现在以应用服务器等中间件为特点的复杂的多层结构，造成了当前这种技术多样性、平台多品种、接口不统一、集成难度和维护难度都较大的局面；"低"主要表现在：目前运行的不少应用系统都存在着技术开发水平较低、运行效率较低、实际使用效果不理想等问题。如何对各信息孤岛式的应用系统进行整合、实现企业一体化的集成管理，是数字企业建设面临的重要任务。

（3）信息沟通不畅

企业内部部门之间、上下级之间、数字企业与分子公司之间应建立高效的信息发布沟通、协作交流渠道；应建立基于互联网的电子商业社区，企业与客户、供应商、经销商之间基于互联网进行结盟、交易和业务协同，实现信息共享和实时交互，完成协同商务运行。

（4）产品设计、生产过程手段落后

数字企业应广泛应用计算机产品设计技术、计算机辅助制造技术，实现产品设计自动化和生产过程自动化，摆脱当前产品开发研制周期较长、生产设备工艺落后的局面。

（5）高效的供应链管理缺乏

市场竞争已不再是企业与企业之间的竞争，而是企业的供应链之间的竞争。目前企业信息技术应用中的"重内轻外"现象是造成供应链协同商务水平低的重要原因，电子商务的发展现状仍然较为落后，绝大多数还处在"企业内部信息化建设"与"发布型电子商务"等"最小协同"阶段。数字企业建设应从企业内部出发，实现集成化、价值化、智能化和网络化的管理，用电子商务跨越企业的边界，建立企业间尤其是园区企业之间的动态联盟，实现对外部资源的利用，实现真正意义上的畅通于客户、企业内部和供应商之间的供应链，以保证对市场变化的第一反应，从而获得领先的地位。

6.1.3　工业园数字企业的发展趋势

全球性的经济信息时代和信息社会正扑面而来，一个创造知识财富的新型社会经济形态和文明时代已展现在人们的面前，企业管理面临着信息时代的巨大挑战。互联网为我们创立了一个崭新的数字生存空间，也为企业价值链之间的重新组合及创新奠定了基础。

信息化时代，信息不仅影响着人们生产、分配、交换、消费等环节的活动状态，而且从根本上改变了现代企业的生存环境，改变了企业的运作过程。拥有信息不再是竞争的优势，而是竞争的条件。信息时代企业赢利的法则和公式是"把信息变成知识，把知识变成决策，把决策变成利润"。

交互式网络模式为企业提供了一种信息较为完备的市场环境，达到了跨国界资源和生产要素的最优配置。企业与客户之间的交易通过网络实现了物流、资金流、信息流、商流的"四流合一"。

1. 数字企业对企业管理理论引起的变革

（1）企业经营战略的变革

电子商务不仅是一种新技术，更是一种新的经营方式与经营理念。其突破了时空限制，提供全方位、多层次、多角度的互动式的商贸服务。

（2）企业管理组织的变革

数字企业的管理理论力图摆脱对组织的依赖，消除企业内外边界，实现经营与管理的一体化，整合各种生产力要素。纵横交错的信息网络改变了信息传递的方式，同时也改变了企业的管理组织结构，由金字塔型结构向扁平化的网络组织结构转变。部门间、员工间沟通更加容易，横向交流和越级交流成为可能；组织机构的层次将明显减少，管理者的控制范围得到扩大。

（3）企业信息传递方式的变革

数字企业改变了企业内部信息传递方式，企业信息传递向双向、多对多转变，信息无需中间环节就可快速机动灵活地达到沟通双方；同时延伸了企业信息传递的距离。

（4）企业营销战略和贸易方式的变革

采用更有效的网络营销这一信息传播方式，独具的时空优势和全方位的展示功能。电子商务改变了传统的贸易方式，以 EDI 取代纸面文件、以网上交易取代传统的信息传递与贸易方式，实现了以物流为依托，资金流为形式，信息流为核心，商流为主体的全新战略。

（5）企业生产作业方式的变革

实现设计制造一体化，企业业务效率获得极大提高；同时生产需求由大批量、标准化向小批量、个性化、快速化转变。

2. 数字企业的企业管理模式的变化

通常企业管理的本质，是将企业所能运用的全部资源进行最合理的配置，使得企业系统的整体功效最大。随着社会与经济的发展，数字企业的出现极大地冲击了原有企业的管理模式，促使企业管理向一种新的管理方式转变。

（1）从垂直管理到水平管理

在信息社会，知识和信息成为基础的资源，成为各部门可自由获取的资源。借助信息网络，部门之间的沟通、员工之间沟通更加容易，上下层之间的信息传送更加迅速，横向交流和越级交流成为可能，企业领导可以随时了解下情，基层管理人员可以直接与最高领导对话，管理者的控制范围得到扩大，组织机构的层次将明显减少；此外，由于网络技术的普及，使得厂商可与消费者直接对话，采用柔性生产方式，生产出知识含量高且个性化的产品，以适应多样化的消费需求。当今高速变化的市场需要企业在第一时间对市场做出反应，需要决策者和执行者能够快速沟通，企业结构必须趋向扁平。

（2）从物的管理到人的管理

信息社会人的因素在生产活动中的作用越来越重要。在新的生产系统中，将以人为中心，而且是以人的创造性活动为中心。

（3）从刚性管理到柔性管理

一方面，管理重心由物到人，管理倾向于柔性化；另一方面，柔性制造系统的生产方式促成了管理模式向柔性转化。

（4）从直接管理到远程管理

企业与客户之间的直接联系，进行定制生产；企业的微观经济活动日益依赖于传播网络和处理系统。

（5）从生产管理向知识管理转变

信息社会的到来不仅迅速改变着世界经济增长方式，而且人力资本在企业多种要素中的重要作用越来越明显，知识创新成为企业最重要的活动。知识管理的出发点是把知识作为企业竞争力提高的关键，知识管理把人从传统的生产管理概念中解放出来，充分发挥人的主观能动性，这正是信息社会企业管理的核心所在。

3. 数字企业信息资源管理理论及发展

我国企业的信息化，正在进行着一场划时代的转型——从信息资源建设阶段逐渐步入信息资源管理阶段，并不可逆转地影响着企业信息化进程的方方面面。

在以往二十多年的信息资源建设阶段，我国企业的信息化建设一方面形成了较坚实的信息化基础设施、极大规模的用户覆盖能力和对信息化建设的高度认知感，另一方面，企业信息化建设初期更多地采用自下而上的分散建设、投资型建设、采购型建设，从而不可避免地出现了建设和应用水平较低，硬件与软件投入比例失调，出现数字鸿沟等问题，并直接导致形成大量分散异构的信息孤岛，严重影响了企业信息化的整体成效。

近年来，信息资源管理理论和信息资源管理相关的门户技术、整合技术逐渐成熟，并在国内外各行各业得到了广泛使用，取得了良好成效。国内外一些大型企业通过实施信息资源管理，极大地缓解了企业内部的"信息孤岛"现象，初步实现了对分散异构信息资源系统在兼顾现有配置与管理状况条件下的无缝整合，并在新的信息交换与共享平台上开发新应用，实现信息资源的最大增值，为企业应对电子商务、互联网经济的挑战提供了具有平台支撑的、健壮的、开放的信息管理系统，基本完成了企业由传统管理阶段向信息管理阶段的转变，使企业信息化的水平大大提高，市场竞争力显著增强，推动企业跨上新的阶梯。

（1）信息资源管理理论

信息资源管理（Information Resource Management，IRM）是上世纪 70 年代末在美国出现的一个新概念。近 30 年来，IRM 的影响日益扩大，已成为一个专门的科学理论和社会管理、经济管理题目，受到信息界、管理界、经济界和政府部门的关注，同时也被公众广泛接受。霍顿（F. W. Horton）和马钱德（D. A. Marchand）等人是美国信息资源管理学家，是 IRM 理论奠基人，是最有权威的研究者和实践者。他们关于 IRM 的主要观点有：

1）信息资源与人力、物力、财力等资源一样，都是企业的重要资源，因此，应该像管理其他资源那样管理信息资源。IRM 是企业管理的必要环节，应该纳入企业管理的预算；

2）IRM 包括数据资源管理和信息处理管理。前者强调对数据的控制，后者则关心企业管理人员在一定条件下如何获取和处理信息，且强调企业中信息资源的重要性；

3）IRM 是企业管理的新职能，产生这种新职能的动因是信息与文件资料的激增、各级管理人员获取有序的信息和快速简便处理信息的迫切需要；

4）IRM 的目标是通过增强企业处理动态和静态条件下内外信息需求的能力来提高管理的效益。IRM 追求"3E"：Efficient、Effective 和 Economical，即高效、实效、经济；"3E"之间关系密切，相互制约。

信息资源管理的思想、方法和实践，对建设数字企业、实现信息时代的企业管理具有重要意义：为提高企业管理绩效提供了新的思路；确立了信息资源在企业中的战略地位；支持企业参与市场竞争；成为知识经济时代企业文化建设的重要组成部分。

（2）数字企业间协同商务的发展趋势

提高供应链生产效率的途径就是产业链的整合，最终目的是实现企业间的高度协同。供应链管理的理想状态是实现供应链中上下游企业之间的高度协同，在生产制造、订单交付、研发和客户获取等流程上实现高度协同。要实现企业间的高度协同，需要具备两个基本的条件。

1）企业之间要建立长期合作关系

由于IT投资具有较高的资产特异性，转换成本较高，如果合作失败，谈判能力弱的一方要承担更大损失。为了鼓励谈判能力弱的一方参与到自己的供应链管理中来，谈判能力强的企业会做出一定的承诺。这样的长期合作关系对双方都是有利的。稳定合作伙伴关系带来的剩余可以由双方通过谈判来分享。目前情况下，中国企业之间缺乏长期信任，还主要是比较纯粹的商业关系。

2）必须借助先进IT技术

首先，企业内必须具备一定的信息化水平，这不仅仅是设备的问题，更重要的是流程和文化的问题；其次，企业的信息系统必须能有效地实现互联互通。

由于目前大多数企业片面追求"企业"信息化，结果是企业各自为政，各有各的标准，甚至企业内部还有多个标准，这使得企业间的互联互通难上加难。我们认为，当前我国绝大部分的企业，都还处于最小协同水平上，其特点是通过会议、电话、传真、邮件和电子邮件等进行信息共享。因此，提高协同商务水平是发展的必然趋势。

（3）数字企业间协同商务的发展重点

协同商务的关键在于"协同"。目前的情况下，应该把发展的重点放在商业关系的协同上，通过电子商务的发展来整合产业链的商业关系，促进产业整体水平的提高，帮助中国企业发展壮大。

我国企业要想发展壮大，关键的一点是要把产业链中的企业整合在一起，形成合力。这是企业提高核心竞争力的关键。要实现产业链的整合，首先要建立企业间的信任关系。市场上的企业，通过什么来建立信任关系呢？答案是交易。通过双方的交易，或者考察对方和其他企业的交易情况来加深了解。电子商务是通过互联网来实现的，交易双方可能来自于全球各地，要成功实现交易，双方必须遵守同样的商业规则。由于在电子商务环境下，商业信息传播范围广，传播迅速，而且容易记录，这样，遵守规则的人可以获得更好的声誉，不守规则的人将不受欢迎。同时，企业的声誉在电子商务平台上积累下来，不熟悉的企业也可以通过对方的历史信息获得对对方的评价，通过长期的积累，企业就能树立自己的品牌和形象。这方面，一些电子商务平台已经做出了表率，比如易趣网的信用评价，阿里巴巴的诚信通认证等。

只有通过数字企业间供应链的整合，我国企业才有可能发展壮大。电子商务的发展将促进企业间长期商业关系的建立。这是供应链整合的初级形式，也是实现协同商务的必经阶段。通过供应链的整合来帮助中国企业发展长大，电子商务在其中将起到非常重要的作用。

（4）数字企业建设是一种不可逆转的潮流

数字企业信息化是人类科学发展的必然趋势，同时，数字企业信息化也是人类社会发展的必然要求。信息技术革命引发的信息化是新经济赖以存在的基础，是新经济产生的第一要素。

我国已提出要把推进国民经济和社会信息化放在优先位置，以信息化带动工业化，发挥后发优势，实现社会生产力的跨越式发展。我国正处于工业化过程中，其主要内容是运用高新技术推动产业结构升级，信息化的过程也就是利用信息技术实现工业化的过程。

6.1.4 工业园数字企业的建设目标

工业园数字企业建设的根本目标是：增强企业的核心竞争力，提高企业的经济效益。我们说，信息和知识是企业竞争力提高的关键，知识创新成为企业最重要的活动，技术创新是企业赢得竞争、快速发展的基本战略，信息化、无形化和连续化的创新能力是增强企业核心竞争能力和长期竞争优势的关键。以客户为中心，实现以客户为最大化的管理思想，向"需求服务型"过渡，已成为企业提高竞争力的核心要素。

市场竞争已不再是企业与企业之间的竞争，而是扩展到企业与供应商、经销商、客户之间整个供应链之间的竞争。产品协同商务（CPC）已成为企业提高核心竞争力的必要途径，这种竞争力表现在企业业务效率的极大提高。

工业园数字企业建设的最终目的，是使企业充分开发和有效利用信息资源，把握机会，做出正确决策，增进企业运行效率，以提高企业的竞争力水平。

交互式网络模式为企业提供了一种信息较为完备的市场环境，达到了跨国界资源和生产要素的最优配置。企业与用户及消费者之间的交易通过网络实现了"四流合一"，即以物流为依托，资金流为形式，信息流为核心，商流为主体，使商品流通更加顺畅，实现了零库存管理。

通过"数字企业"的建设，可有效地实现：管理控制、运营成本降低、内部管理效率提高；信息沟通、协作交流；知识管理；提升新产品的研发能力；提升产品制造能力；整合加强供应链管理；整合信息资源、联接信息孤岛、实现一站式门户访问；企业营销策略转型；提升客户满意度等。

6.1.5 工业园数字企业的设计思路和原则

1. 工业园的统一规划原则

有利于充分利用数字工业园所提供的基础设施服务以及基础信息服务、信息交换平台、电子政务服务、电子商务服务、ASP 服务等 IT 基础设施服务，充分发挥工业园的供应链上下游企业联盟作用、充分利用数字工业园的物流服务。

2. 总体规划、分步实施原则

对数字企业信息化按照企业总体战略进行总体规划，然后在总体规划的指导下分步实施。

3. 开放性和标准性原则

遵循国际规范和技术标准、遵循国家/城市/园区相关标准和规范，遵循元数据、信息交换和门户整合等标准，坚持开放性，易于实现企业内、供应链上各环节间的信息的互联互通。

4. 系统性原则

企业数字化是一项复杂的系统工程，除技术因素外，还应考虑工业园数字企业建设的非技术因素。

5. 重视技术与管理、业务的紧密结合原则

抛弃过时的业务模式，进行企业业务战略规划、流程整合和流程再造，实现管理扁平化、企业虚拟化，将新型的技术手段与新型的业务流程设计结合起来。

6. 整合加强供应链管理，实现协同商务原则

优势互补，提高客户服务效率和质量。

7. 实施以客户为中心，提高客户满意度原则

实现制造、设计、管理、销售一体化；建立产业链联盟、供应链管理，实现协同商务机制；实现电子商务模式；皆以提高企业核心竞争力、提高客户满意度为目标；注重客户的需要和整体体验。

8. 实行信息资源整合原则

以整合的思想开展数字企业信息系统建设，以整合的方式实施信息系统建设和集成；以整合的思路构建数字企业信息系统技术架构；重视已有资源的充分利用；建立业务基础数据库实现 ERP、SCM、CRM 等企业信息系统的整合，进而建设数据仓库、部门数据集市实现数据整合；通过门户对分散的信息源和应用系统的集中管理，实现对信息资源和应用系统管理的整合。

9. 突出应用系统，建立灵活的外包体系，强调适应性原则

基于系统集成理念，实施信息集成、数据集成、应用集成；实现部门内集成、企业内部集成、企业间供应链动态联盟集成；分布式企业组织信息系统集成。

根据数字企业建设的实际情况，可考虑将非核心业务 IT 服务外包，使企业专注于核心业务上；充分利用数字工业园所提供的公共服务，针对不同类型企业；充分考虑其特点，强调数字企业建设的适应性。

6.1.6　数字企业和数字工业园的关系

数字工业园区信息化的主体是数字企业的信息化。数字企业是核心，是数字工业园区的服务对象和客户。只有企业实现了高度数字化，数字化工业园区的信息化才得以落到实处，服务功能才能获得充分发挥，真正实现工业园区的数字化。

数字企业是数字工业园区的服务对象和客户，两者之间的关系主要体现在：在数字工业园的统一规划下，充分利用数字工业园所提供的各项服务上，具体表现为以下一些方面。

1. 基础设施服务

数字企业对数字工业园基础通信设施、网络基础设施、智能化系统的基础设施、公用事业设施的利用与安防消防、照明公共设施的关系。

2. 电子政务与电子商务服务

数字工业园为数字企业提供招商引资、行政审批等电子政务服务，以及数字企业与工业园应急指挥系统之间的联动处理等等。

数字工业园电子政务服务，主要包括建设政务专网门户，即为数字企业提供一站式电子审批等政务服务，数字企业可在数字工业园政务专网门户中定制自己的专网门户；数字企业享受数字工业园公共信息服务（公共信息查询、招商服务、商业信息、电子地图、GIS 服务等）；数字企业同时可享受数字工业园提供的电子商务平台 B2C 和 B2B 服务等。

3. 物流服务

数字企业与物流中心的供应链管理，充分利用数字工业园的物流服务。

4. ASP 服务

针对中小型企业，数字工业园的企业信息化管理平台提供 ASP 软件租用服务等。

6.2 工业园数字企业的架构和构建要素

6.2.1 工业园数字企业的总体架构

工业园"数字企业"总体架构的构建，通常需要考虑如下一些要素：

（1）关注从供应链管理到客户关系管理的整个企业价值链的整合；

（2）关注从底层自动化设备、制造执行管理到企业顶层经营管理企业各个层次的整合；

（3）关注从产品设计到使用、维护支持的整个产品生命周期的整合；

（4）关注精良生产、敏捷制造等先进制造业运行思想，通过数字化，实现与工业园其他数字企业的整合和协同等。

工业园"数字企业"的总体逻辑架构，如图 6.1 所示。

说明：图 6.1 所示的工业园"数字企业"的总体逻辑架构示意图，是以企业、价值链和生命周期为坐标，明确以数字化、集成和协同制造为核心思想的工业园数字企业的关注点及各种数字系统的逻辑关系。也就是任何一个"数字企业"，通常需要关注于本企业从底层制造生产到经营销售等不同层次的应用需求的整合，通过数字化贯串"数字企业"与上下游的关系，并对整个产品生命周期予以支持。

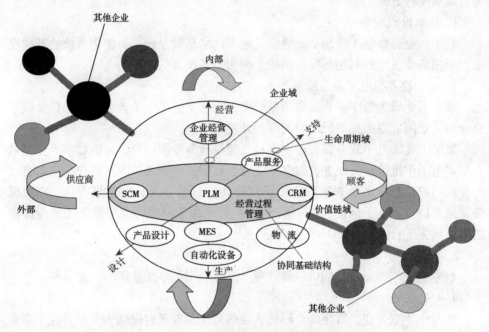

图 6.1 工业园"数字企业"的总体逻辑架构示意图

6.2.2 工业园数字企业的功能和技术体系架构

工业园数字企业的构建，其技术体系架构如图 6.2 所示，它包含一系列设计、制造、管理技术，透过集成技术数字化技术，形成了工业园数字企业完整的技术体系。

我们说，集成和协同是工业园数字企业建设的核心思想。通过企业产品全生命周期的开发平台，可实现企业产品信息的共享、开发过程的协同和工具手段的集成；通过企业经营管理平台，能实现从企业决策到车间执行的全面管理；通过制造执行平台，可实现计划到执行的信息实时沟通；通过工业控制系统，可形成现代化的自动化生产系统；通过 ASP 平台，可在企业群中协同、集成和共享制造资源；通过企业门户网络，实现企业内、企业间、供应商、客户的全面集成，并最终将形成如图 6.3 所示的未来新型的数字化企业的技术架构。

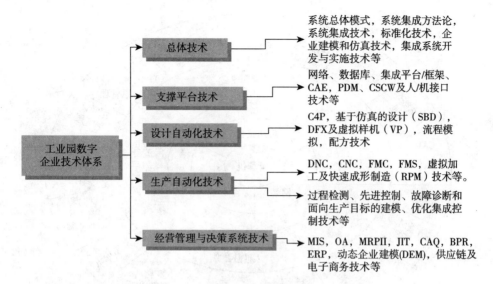

图6.2 工业园数字企业的技术体系架构

新型数字化企业技术架构
汽车、船舶、电机等各种产品

| 应用平台 | ERP, PDM, MES, SCM ... |
| 应用整合平台 | 中间件, Portlet, EAI |

单元能力平台：协同设计　快速制造　集成管理　工业控制

支撑软件：数字化设计集成软件　数字化制造执行软件　数字化经营管理软件　数字化工业控制软件　嵌入式软件开发环境软件

关键技术：虚拟样机技术　优化仿真技术　协同设计制造　生命周期管理　柔性生产技术　供应链管理　企业自动化技术　网络技术　质量控制技术

数据库、知识库、数据中心

网络及硬件基础设施

标准规范体系　信息安全体系

图6.3 未来新型的数字化企业的技术架构

6.2.3 工业园数字企业的功能描述

从技术的角度，可以把数字企业的组成理解为支撑分系统和五个应用分系统。其中五个分系统分别是协同设计系统、经营管理系统、制造执行系统、生产过程控制系统和质量保证系统，如图6.4所示，功能组成的详细说明如下。

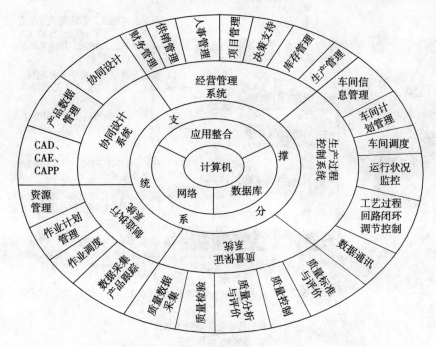

图 6.4　数字企业的功能组成示意图

1. 协同设计系统

数字企业协同设计系统的体系结构如图 6.5 所示。

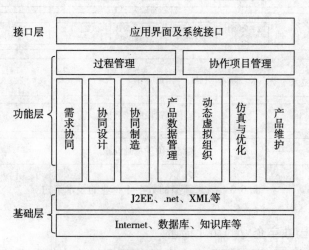

图 6.5　数字企业协同设计系统的体系结构

通过 CAD/CAPP/CAM 系统建立零件完整的几何描述、特征描述，为工程分析、变形设计，数字化装配奠定基础，用于辅助设计人员根据用户要求进行面向功能的设计；建立包含标准件库、通用件库的工程数据库环境，进行有效的知识管理；实现计算机辅助理论计算分析，减少设计过程中的主观臆断成份；通过引入计算机辅助设计技术和计算机辅助分析技术，有效地缩短设计周期，提高设计质量。

基于 PDM 平台，将 CAD/CAPP/CAM 系统进行集成，实现文档模型管理、产品结构管理、过程管理等功能。在产品开发信息和开发过程集成的基础上，实现设计、工艺的并行工作。"产品数据管理"模块对整个产品的设计开发过程进行控制，并对该过程中形成的各种数据进行管理，从而在逻辑上将 CAD、CAPP、CAM 等不同的应用系统集成在一起。

协同设计系统实现了从产品概念设计、详细设计、分析优化、制造、使用、维护、到报废全生命周期的产品信息的集成与共享；融合并行产品开发、分布式工作流、协同项目管理和知识管理等先进理念，实现产品生命期内所有过程、活动以及执行活动的部门与人的全面协同；实现了以产品模型、多学科综合优化、建模与仿真技术为核心的产品开发工具手段的全面集成；全面支撑产品持续创新。

2. 生产过程控制系统

生产过程控制系统是当今工业生产过程的重要组成部分，是应用电子技术改造传统产业的重要手段，同时为生产管理、企业经营管理奠定了基础。按制造过程特性可分为离散性和连续性两种生产过程。

（1）离散性生产过程控制系统

离散性生产过程需要使用各种用途的机械设备构成，离散性生产过程控制系统最基本、最重要的加工设备是各种类型的车床。自 1957 年展示了世界上第一台数控机床以来，随着微电子技术的迅速发展，上世纪 70 年代中期出现了以微处理器为基础发展起来的计算机数控（CNC）机床，并由直接数字控制（DNC）发展到今天的分布式控制。在 CNC 机床的基础上，为进一步提高机床的利用率和自动化水平，增加了刀具/模具自动交换装置（Automatic Tool exChang ATC），形成了各种类型的加工中心，在各类加工中心的基础上，又增加了托盘交换装置（Automatic Pallet exChang APC）和托盘输送装置从而形成柔性制造单元（FMS）。

过程控制系统主要包括对车间、单元和工作站三个层次的控制，以及对毛坯、在制品、刀具等的物料输送的控制。

（2）连续性生产过程控制系统

连续性生产过程伴随着物质和能量的储存、转换、传递及输送，遵循着物理和化学的基本规律，并由各种工艺设备按各种方式组合起来，其总目标就是利用一定的能源，通过最经济的途径，将一定的原材料转化为预期的产品，表征生产过程的有温度、压力、流量、物位、成分等物理量和化学量。

过程控制按生产过程总的要求，应用工业自动化仪表、自动控制装置、自动执行机构构成计算机过程控制系统（PCS），来代替人工操作，实现连续过程各状态量的自动控制。自动控制装置经历了单回路仪表控制、单元组合仪表控制、计算机集散控制系统（DCS、PLC）的发展过程，并向着基于现场总线的控制系统（FCS）、基于工业以太网的过程自动化系统（EPA）发展。

过程控制系统的主要作用包括保证产品的产量和质量达到规定的生产指标；保证生产过程的稳定、安全运行，防止事故发生和满足环境保护的要求；提高经济性，节省原料，减少能量消耗，充分发挥生产设备的能力。

其主要功能包含以下几个方面：生产设备运行状况监视，生产设备逻辑连锁顺序控制，工艺过程变量的监视，工艺过程变量回路闭环调节控制，与其他工作站和生产管理系统间的数据通信。

3. 制造执行系统

制造执行系统（MES）考虑工厂中的各种绩效评价指标，具备支持、指导、跟踪各项主要生产活动的功能，MESA 定义的 MES 系统适用于各种生产类型的工厂，包括以下 11 种功能：

（1）资源配置和状态：管理人员、设备、物料等各项资源，指示、跟踪并记录各项工作；

（2）作业计划：确定各项生产活动的顺序和时间，实现资源约束条件下的工厂绩效优化；

（3）生产调度：调整作业计划，进行动态调度，控制在制品库存；

（4）文档管理：控制与生产单元相关的记录，编辑和下达生产指令；

（5）数据采集：检测、采集和组织生产数据；

（6）人员管理：指导人员的使用，跟踪和提供人员的有关状态；

（7）质量管理：记录，跟踪和分析质量数据；

（8）过程管理：根据生产计划和实际生产活动指导生产进程；

（9）维护管理：计划和执行设备维护活动，维护历史数据；

（10）产品跟踪：跟踪并显示产品的时空位置，生成历史记录，以便对产品生产过程溯源；

（11）绩效分析：通过对信息的汇总分析，以离线或在线的形式提供对当前生产绩效的评价结果。

4. 经营管理系统

上世纪 90 年代以来，MPRII（制造资源计划）经过进一步地发展完善，形成了目前的企业资源计划（ERP）系统。ERP 系统除了包括和加强了 MRPII 各种功能外，更加面向全球市场，所管理的企业资源更多支持混合式生产方式（分散生产与流程生产），管理覆盖面更宽，进入了企业供应链管理。从企业全局角度进行经营与生产计划，是制造业企业的综合的集成经营系统，也是集成化的企业管理软件系统。

ERP 系统面向市场，能够对市场快速作出响应，强调了供应商、制造商与分销商间的新的伙伴关系。ERP 强调企业流程与工作流，通过工作实现对企业的人员、财务、制造与分销间的集成，支持企业过程重组，支持后勤管理，使得企业的资金流、物流、信息流更加有机地结合，支持多种方式，即分散制造业与流程生产过程。此外，ERP 系统还包括了金融投资管理、质量管理、运输管理、项目管理、法规与标准、过程控制等，目的是通过 ERP 系统提高企业的经济效益。

Internet 技术的迅猛发展，改变了传统的管理和信息传递的单向制，实现了实时与互动性。在网络经济中，管理需要考虑的问题更多。例如：如何管理和优化企业的外部资源，在全球经济环境中，建立业务网络，拓展企业新的业务增长点；如何在各个业务环节中，密切同客户的关系，在越来越复杂的供求关系中准确、及时得为了现有和潜在的客户提供"个性化"的产品和服务等。

市场和客户需求决定了企业生产。企业必须更注意市场营销和客户服务、客户关系，销售、服务、经营等客户关系管理（CRM）成为重点。企业战略管理（SEM）产品，客户关系管理（CRM）、供应链管理（SCM）都已是 ERP 系统的内容。

支持电子商务（Electronic Commerce），将是 ERP 系统软件进一步发展的必由之路。电子商务是指在互联网上进行的商务活动，其主要功能包括网上的广告、订货、付款、客户服务和货物递交等售前、销售和售后服务，以及市场调查分析、财务核算及生产安排等多项利用互联网开展的商业活动。

经营管理系统的主要功能包括：

（1）决策支持系统：提供基于数据仓库的，企业经营活动的智能决策支持；

（2）生产管理系统：实现客户订单完成情况、生产信息的分析和生产计划、生产成本计划和物流计划的制定；

（3）财务管理系统：包含资产管理和成本管理；

（4）库存管理系统：实现原材料、中间产品及最终产品的管理和实时信息统计；

（5）供销管理系统：实现企业供销活动的管理，包含电子商务和客户关系管理；

（6）人事管理系统：实现人力资源的管理等。

5. 质量管理系统

质量是企业的生命。产品质量好坏，决定着企业有无市场，决定着企业经济效益的高低，决定着企业能否在激烈的市场竞争中生存和发展。"以质量求生存，以品种求发展"已成为广大企业发展的战略目标。正由于质量如此重要，如何保证并不断提高质量，成为各个企业关注的永恒主题。从实践看，按照解决质量所依据的手段和方式来划分，质量管理发展到今天，可分为质量检验、统计质量控制和全面质量管理三大阶段。

质量管理是企业信息系统重要内容之一。企业信息系统中的质量管理应当与全面质量管理、ISO9000 质量系统的质量精神相一致，并体现出集成化的优势上，对企业管理的整个过程提供集成，从设计过程、采购供应商的开发和认证、原材料的检验、生产过程的检验集成化控制、产品完工检验、检验与测量仪器的计量管理和产品的出货检验到质量的统计、分析等，都能提供先进、快捷的方法和手段。企业信息系统中的质量管理功能着重数据、信息，提高了企业质量管理的效率，提高了质量控制的响应速度。

企业信息系统中质量管理功能的确定，应满足质量闭环、循环改进的要求。有很多闭环模式应用于质量管理实践中，大部分的模式都是基于戴明的 PDCA 循环，它描述了以数据为基础的质量改进的基本逻辑步骤：

（1）计划（Plan）收集关键问题的数据，分析、定位关键问题的根本原因，设计可能的解决方案，选择最可能的解决方案；

（2）实施（Do）按计划执行或实施；

（3）检验（Check）对实施的结果进行评估，看是否获得了预期的结果；

（4）处理（Act）基于检验的结果和评估，如果出现了问题（偏差），仔细检查那些妨碍质量改进的原因，改进、扩展解决方法，使之标准化。

企业信息系统中质量管理功能应满足 PDCA 循环每一环节的需求。通常可把质量管理功能划分为基础数据、质量标准、质量检验、质量控制和质量分析五个模块。

基础数据维护为质量标准、质量检验、质量控制和质量分析四个模块提供数据支持。

质量标准包括按照客户需求制订的产品质量标准、质量规范、产品设计和制造作业规范。质量标准作为质量管理和质量控制的实施依据，在质量规范里，需要定义好产品生产过程中的质量检测活动以及每个质检活动里的具体测试项，和符合标准的取值，即期望值。在标准允许的前提下，我们可以制定公差范围来约束测试项的取值。

质量控制指实施过程中，依据质量规范对产品设计、制造过程、辅助生产过程等进行的全面质量控制。其中产品设计广义上包含"调研——研究——设计——试制——定型"五个相互衔接的过程；辅助生产过程一般包括辅助材料供应、工具的制造或外购、设备的外购与维修、动力介质的供应以及运输保管等。

质量检验即对实体的一个或多个特性进行的诸如测量、检查、试验或度量，并将结果与规定要求进行比较，以确定每项特性合格情况所进行的活动。按不同阶段分类，可分为预先检验、中间检验、完工检验和包装分发检验四类。

质量分析是质量改进的重要环节。质量影响因素分析和质量改进分析为质量改进提供理性的方向、目标和方案。质量成本分析为质量改进方案优先次序选择提供经济依据，质量成本指企业为达到和保证规定的质量水平所耗费的那些费用，包括预防和鉴定成本、损失成本（内部损失成本和外部损失成本）。

6.2.4 数字企业的支撑技术平台

数字企业的支撑技术平台由整合体系、支撑体系构成。数字企业通过整合体系、支撑体系的建设，形成统一的信息资源管理体系，全面实施信息整合和应用整合，实现信息的高度共享和业务的高效协作，进一步提高信息化应用水平；在建设业务基础数据库的基础上，建立企业数据集市和数据仓库系统，充分利用各种数据资源，通过数据整合和主题综合应用，提高辅助决策支持能力。

坚持推行集成的信息系统的体系架构规范，坚持推行管理和技术两个层面的统一的标准和规范；统一数据库、应用服务器等系统支撑平台、统一整合平台、统一门户、统一资源管理、统一用户管理、统一授权管理。

1. 整合体系

如图 6.6 所示，数字企业信息系统整合包括信息整合、数据整合和应用整合。信息整合包括对结构化信息和非结构化信息的整合；数据整合主要用于基础

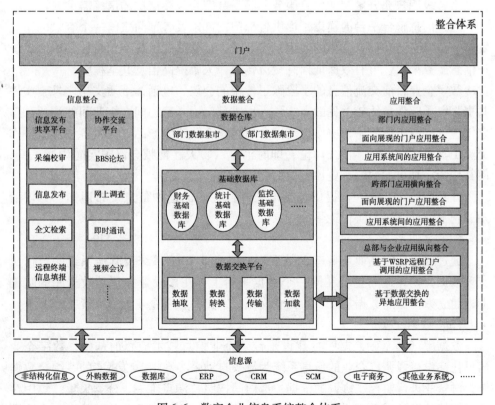

图 6.6 数字企业信息系统整合体系

数据库建设，通过业务基础数据库将数字企业信息系统与企业 ERP 系统及其他系统的数据源整合在同一个数据平台上，进而为部门数据集市和数字企业数据仓库提供基础数据，支持数字企业协调、决策、指挥的信息化；应用整合包括对原有系统的整合和在整合框架下新系统的建设。

通过整合体系平台，对数字企业信息包括 ERP 信息、业务应用系统信息、数据仓库及数据集市应用信息、需整合的结构化信息及各部门非结构化信息等各种信息资源进行整合，通过门户以统一的、个性化的方式提供给数字企业用户，为数字企业的"监控、协调、决策"职能服务；或者通过门户向企业延伸，向企业等分支机构用户提供业务上报、信息共享、数据查询服务。

（1）信息整合

通过信息整合平台，提供各部门内部以及各部门之间一个有效的信息发布共享和协作交流的通道。

建立数字企业信息集成、管理、发布、访问、使用的统一信息发布共享平台，可有效实现数字企业管理信息、企业生产经营信息、国内外市场信息、有关互联网信息的整合、集成，为公司领导、各部门和组织提供个性化的信息服务，提供由各级用户充分定制的信息服务，满足数字企业多层次的信息需求。

通过信息整合平台的建设，提供各部门内部以及各部门之间一个有效的信息发布、信息交流和信息共享的通道；实现统一信息格式，统一信息传输机制，统一信息服务渠道，可有效保证信息交流畅通，大幅提高信息共享程度。

数字企业目前交流信息的手段除了传统的会议、电话、纸质文档之外，文件共享、电子邮件是比较常见的方式。为增进部门内、部门间、企业间的沟通和信息传递、提高工作效率，协作交流平台通过整合第三方产品，提供各种实时协作交流工具，包括 BBS、在线讨论、即时消息、聊天、视频会议等实时沟通工具，使其作为一种更加便捷、更加有效的交流方式。

此外，协作交流平台提供包括电子邮件在内的诸如信息发布通知、会议通知、网上文件共享等协作工具。

（2）数据整合

通过建设数字企业业务基础数据库，将企业 ERP 系统及其他系统的数据源实现数据交换，进而整合在同一个数据平台上；在建设业务基础数据库的基础上，建立数字企业数据集市和数据仓库系统，提高数字企业辅助决策支持水平。

（3）数据交换平台

数据源（即基础数据库）建设是数字企业信息技术应用的基础，数字企业信息化建设应强调以企业的信息系统为源头自动采集数据，以真实的、综合数据作为对企业进行监控、协调的依据；部门间按照"源点唯一、分类采集、集中存放、授权共享"的数据采集与管理原则，通过数字企业的业务基础数据库为数据共享提供技术基础。

数据抽取：数字企业数据整合的关键第一步是将各企业的 ERP 等各业务系统的数据按业务需要，通过一定的规则从原有系统中抽取出来。

数据传输：在企业与企业间，目标数据库与源数据库之间远程交互，数据在集成过程中需要有措施保证数据安全、可达，需要消息中间件等技术来保证实现数据的可靠传输。

数据加载：将抽取传输到数字企业的数据按数据集成的整体规划，插入到目标数据库中，在这过程中，目标数据库与源数据库可能是异构或者数据结构不同，在数据加载过程中将要解决由于异构或者说数据结构不一样而导致的问题。保证数据能够安全、完整地进入目标数据库中，同时该过程中还要避免可能出现的数据记录重复。

基础数据库建设：为避免数据重复并提高数据使用效率，每个部门应建立统一的集成的基础数据库，在基础数据库上开发部门级业务系统，覆盖部门全部业务。逐步实现企业数据归口上报，减少数据重复采集，提高数据的一致性。

建立业务基础数据库是建设数字企业各项应用系统的基础，业务基础数据库中数据的更新、维护必须依靠各部门的日常业务操作。

为了保证业务基础数据库的数据能够长期及时更新，业务基础数据库应以各部门日常所需的台账、报表、图表所需的数据为基础建立。为保证实现数据共享的技术基础，业务基础数据库应统一进行结构设计，按数据应用属性分为若干主题库，结合应用系统建设按主题库分步实施。统一设计主要是要采用统一的标准代码，建立统一的定义明确的数据字典，采用统一的数据库管理系统。为了消除数据冗余和重复采集，管理上要求后上的主题库所需的数据中，凡是先上的主题库中已有的，必须使用已有的数据，不得重复采集。为实现以上要求应设立数字企业业务基础数据库管理岗位，落实管理职责。

2. 支撑体系

数字企业信息系统应在统一的系统支撑、应用支撑和安全支撑平台上开发运行，是整合平台框架体系的运行基础，将支撑体系统一整合到信息资源管理平台，作为一个整体使数字企业信息系统协调运转。

数字企业信息系统建设应在统一规划下实施，为节约成本并利于信息系统互连互通，信息系统应尽量采用统一的服务器（应用服务器、WEB 服务器、目录服务器）、架构体系、数据库、操作系统和安全认证体系；应在数字企业整合平台要求的标准和规范下开发，以利于信息资源的整合。

（1）支撑体系架构

如图 6.7 所示，数字企业信息系统支撑体系包括系统支撑、应用支撑和安全支撑三个方面。

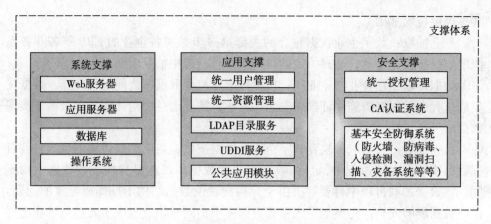

图6.7 数字企业信息系统支撑体系架构

支撑体系要切实贯彻在数字企业信息系统建设的统一规划和统一标准指导下进行建设。坚持统一数据库、应用服务器等系统支撑平台；统一资源管理、统一用户管理、对各项业务应用的重复开发转变为模板化的公共应用模块等应用支撑平台；统一授权管理、实现分级分类授权等安全支撑平台；从而更好地实现数字企业系统内的信息共享、互联互通。

（2）系统支撑

坚持采用统一的数据库、应用服务器等系统支撑平台。数字企业信息资源管理平台的主要系统架构是由基于应用服务器的门户技术结合内容管理等功能软件组成，可采用的技术路线是.NET或J2EE技术，对于这两种技术路线的评价，业界公认各有所长，在应用方面主要技术指标各有优势。主要考虑到数字企业原有应用系统多采用UNIX操作系统，选择了J2EE，可以充分利用已有硬件资源和操作系统，并便于对原有应用系统的整合；其次支持J2EE技术的厂家较多，J2EE在大型企业的应用也较.NET普遍，故最终选择了J2EE。但随着信息技术的发展，J2EE和.NET技术也在不断进步和完善，二者都能很好地实现对WEB SERVICE等先进技术的支持，两条技术路线也渐趋相同。

（3）应用支撑

应用支撑主要包括统一用户管理、统一资源管理和公共模块等：统一用户管理完成登录门户的所有用户的中央统一用户管理，一般有两种方法可以完成所有应用的统一用户管理，即：

第一种：完全重新定制应用，改变应用自身的用户体系为中央统一用户管理系统。该种方法可以获得最大的灵活性，但是由于要对应用系统的用户认证进行变更，故工作量较大，并且仅适用于应用系统提供用户管理系统接口的前提下；

第二种：在应用的用户管理系统与中央统一用户管理系统之间，建立用户/

用户组同步复制关系。即在统一用户管理系统中发生任何变更，则及时反映到应用用户管理系统，同步更新用户数据。该种方法优点在于开发较为便捷，但在后期的实际运行过程中，由于用户信息的频繁更新，有可能造成系统实际运行过程中的效率低下。

在应用系统提供用户管理接口的前提下，通常建议采用第一种方法。

统一资源管理的主要任务是构建统一资源目录，该统一资源目录是企业信息资源整合与管理平台的基础设施，是进行信息资源整合的主线。统一资源目录基于统一的封装机制，实现信息资源的接入以及用户管理、统一的分级分类授权等一系列管理。统一资源目录通常包括以下三个部分：

1）组件目录：应用组件的注册信息列表；

2）信息资源目录：用户能使用、能管理、能查看的信息资源目录；

3）被授权的信息资源目录：用户被授权的信息资源目录的子集。

从用户业务的角度出发，统一数字企业内部所有的信息资源，包括业务应用逻辑组件（Portlet）、结构化数据、非结构化数据（文档、图片等）、WEB 链接等。

统一资源目录体现为树状目录分级结构（类似于 Window 资源管理器），一般按照业务范围进行栏目分级。统一资源目录支持用户组级别的目录共享（与统一授权管理结合），目录可以共享给指定的授权用户/用户组。

公共模块是指对各项业务应用的重复开发转变为模板化的公共应用模块，如日志管理、报表工具等。

（4）安全支撑

数字企业根据实际情况，采用防火墙、入侵检测、漏洞扫描、安全审计、病毒防治、Web 信息防篡改、非法拨号监控、过滤控制、物理安全等基础安全技术构建自己的基本安全防护系统，采取关键设备双机备份、重要数据冷备份及异地容灾备份等措施构建自己的故障恢复与容灾备份系统。

6.3 工业园数字企业建设的关键技术

6.3.1 协同设计技术

1. CAD 技术

是一种利用计算机帮助工程设计人员进行设计的技术，主要应用于机械、电子、宇航、建筑、纺织等产品的总体设计、造型设计、结构设计等环节。最早的CAD 的含义是计算机辅助绘图，随着技术的不断发展，CAD 的含义发展为现在的计算机辅助设计。一个完善的 CAD 系统，应包括交互式图形程序库、工程数据库和应用程序库。对于产品或工程的设计，借助 CAD 技术，可以大大缩短设计周期，提高设计效率。

2. 虚拟制造技术

虚拟制造技术是实际制造过程在计算机上的本质实现，即采用计算机仿真与虚拟现实技术，在计算机上群组协同工作，实现产品的设计、工艺规划、加工制造、性能分析、质量检验，以及企业各级过程的管理与控制等产品制造的本质过程，以增强制造过程各级的决策与控制能力。

3. CAPP 技术

CAPP 的作用是利用计算机来进行零件加工工艺过程的制订，把毛坯元件加工成工程图纸上所要求的零件。它是通过向计算机输入被加工零件的几何信息（形状、尺寸等）和工艺信息（材料、热处理、批量等），由计算机自动输出零件的工艺路线和工序内容等工艺文件的过程。应用 CAPP 技术，可以使工艺人员从繁琐重复的事务性工作中解脱出来，迅速编制出完整而详尽的工艺文件，缩短生产准备周期，提高产品制造质量，进而缩短整个产品的开发周期。

4. 产品数据管理技术

PDM 是管理所有与产品相关的信息和过程的技术，它是一门集数据管理能力、网络通信能力与过程控制能力于一体的工程数据管理综合技术。相关的信息包括描述产品的各种信息，包括零部件信息、产品结构配置、CAD 模型、工艺路线、审批信息等；相关的过程包括过程的定义和管理，包括审批过程、发放过程、更改过程等。狭义上讲 PDM 仅指管理与工程设计相关领域内的信息。

5. 并行工程技术

并行工程代表了一种结构化的逻辑框架结构，它支持一种系统化方法来进行集成的、平行的或并行的产品设计及其相关过程，包括制造和支持。该方法倾向于保证开发人员考虑从概念到最终配置的产品全生命周期的所有元素，包括质量、成本、时间表和用户需求。与传统的或串行的产品设计方法不同，并行工程的焦点是顾客满意度，立足于团队，以及面向制造、装配、质量、维护、全生命周期的设计。

6. 产品生命周期管理技术

PLM 是一种技术辅助策略，把跨越业务流程和不同用户群体的那些单点应用集成起来。PLM 不会废止已有系统，而是使用流程建模工具或其他协作技术加上一定的语义集成来整合已有的系统。

7. 计算机协同工作环境

计算机协同工作环境（CSCW）利用计算机的交互性、网络的分布性以及多媒体的综合性，支持不同地方、不同专业的群体成员共同完成协作任务。CSCW综合应用了计算机和通信技术、分布式技术、人机接口工程、管理学和社会学等学科的理论和成果，通过提供一个共享的环境和接口，来支持群体成员进行同时或不同时、同地或异地的合作活动。CSCW 的研究目标是利用计算机克服小组工作时间和空间的障碍，以取得更高的工作效率。它的研究包括两方面内容：一是协同工作的本质，这涉及到群体中人们的工作习惯，是人的因素；二是支持协同工作的信息技术，是技术的因素。从技术角度来说，CSCW 是在分布计算机环境中，支持群体成员在各种条件下，包括空间上的分布、时间上的异步的条件下以协作的方式完成任务的信息技术与系统。

6.3.2 生产制造技术

1. 过程控制技术

按制造过程特性可分为离散性生产过程和连续性生产过程两种。离散性生产过程控制系统的关键技术主要是加工中心和物流的协调控制，带视觉和智能的机器人技术。连续性生产过程控制系统的关键技术主要是现场总线和工业以太网技术、过程建模技术、预测控制、自适应控制、多变量控制和智能控制技术。

2. 制造执行系统

在生产组织管理方面，基于事例推理、专家知识的生产计划与运筹学中网络规则技术，提供快速调整作业计划的手段和能力，以提高生产组织的柔性和敏捷化程度；根据各工序参数，自动计算各工序的生产顺序计划及各工序的生产时间和等待时间，实现计划的全线跟踪和控制，并能根据现场要求和专家知识，进行灵活的调整；异常情况下的重组调度技术以及在多种工艺路线情况下，人机协同动态生产调度。

在质量管理方面，基于数据挖掘、统计计算与神经网络分析技术，对产品的质量进行预报、跟踪和分析；根据生产过程数据和实际数据，判定在生产中发生的品质异常；在设备管理方面，采用生产设备的故障诊断与预报技术，建立设备故障、寿命预报模型，实现预测维护；在成本控制方面，采用数据挖掘与预报技术，建立动态成本模型预测生产成本；利用动态跟踪控制技术，优化原材料的配比、能源介质的供应、产线定修制度、生产的调度管理，动态核算成本，以降低生产成本。

6.3.3 质量管理技术

实现质量管理和控制功能，需要遵循一定的方法和运用有效的分析工具。质量检验有抽样检验法；质量控制有 SQC 法、6Sigma 法；质量分析和质量改进有七种工具：排列图（Pareto Diagram）、因果分析图（鱼刺图）、直方图、检查表、分层图、散步图（并结合相关分析和回归分析）和控制图；新七种工具：关联图法、亲缘图法（Affinity Diagrams，又称 KJ 法）、系统图法、矩阵图法、矩阵数据分析法、决策过程计划图法和箭头图法。现在又提出了功能强大的基于数据仓库的在线分析处理（OLAP）和数据挖掘方法，用于质量预报、判断、分析。把这些方法和分析工具融入管控一体化系统中，会大大提高质量管理和控制的效率和效益。

6.3.4 经营管理技术

企业信息集成到行业信息集成。信息化的目的之一是实现信息共享，在有效竞争前提下趋利避害，在企业信息化编码体系标准化、企业异构数据/信息集成基础上，进一步实现协作制造企业信息集成，全行业信息网络建设及宏观调控信息系统，直至全球行业信息网络建设及宏观调控信息系统。

管控一体化，实现实时性能管理（Real Performance Management）。协调供产销流程，实现从订货合同到生产计划、制造作业指令、到产品入库出厂发运的信息化。生产与销售连成一个整体，计划调度和生产控制有机衔接；质量设计进入制造，质量控制跟踪全程，完善 PDCA 质量循环体系；成本管理在线覆盖生产流程，资金控制实时贯穿企业全部业务活动，通过预算、预警、预测等手段，达到事前和事中的控制。

知识管理和商业智能。利用企业信息化积累的海量数据和信息，按照各种不同类型的决策主题分别构造数据仓库，通过在线分析和数据挖掘，实现有关市场、成本、质量等方面数据——信息——知识的递阶演化，并将企业常年管理经验和集体智慧形式化、知识化，为企业持续发展和生产、技术、经营管理各方面创新奠定坚实的核心知识和规律性的认识基础。

6.3.5 支撑平台技术

1. J2EE 技术

J2EE 是主流的技术体系，J2EE 已成为一个工业标准，围绕着 J2EE 有众多的厂家和产品，其中不乏优秀的软件产品，合理集成以 J2EE 为标准的软件产品构建中远国际货运公司货代等新建业务系统，得到较好的稳定性、高可靠性和扩展性。

J2EE 技术的基础是 JAVA 语言，JAVA 语言的与平台无关性，保证了基于 J2EE 平台开发的应用系统和支撑环境可以跨平台运行；J2EE 平台包含有一整套的服务、应用编程接口（API）和协议，可用于开发基于 Web 的分布式应用。它定义了一套标准化、模块化的组件规范，并为这些组件提供了一整套完整的服务以及自动处理应用行为的许多细节，例如安全和多线程。由于 J2EE 构建在 Java 2 平台标准版本上（J2SE），因此，它继承了 Java 的所有优点——面向对象、跨平台等。随着越来越多的第三方对 Java 2 平台企业版（J2EE）提供支持，Java 已经被广泛用来开发企业级应用。基于 J2EE 技术的应用服务器（Application

Server) 主要是用来支持开发基于 Web 的三层体系结构应用的支撑平台，这一类的产品包括 BEA Web Logic、IBM WebSphere 等。

2. Portal 技术

Portal 门户服务器是 Web 应用服务器上的"应用"，是中间件市场上值得关注的新品。尽管有关门户服务器技术的介绍很早就有了，但大牌 IT 厂商的产品基本上都是 2002 年年初或上半年推出的；中关村科技软件也几乎早于国际同行适时推出了 Portal 产品。

Portal 是将 Web 技术与企业或政府部门的运作过程相集成的解决方案，提供了一个单独的网关来访问信息和应用。

基于门户服务器建设企业门户的基本好处是开发商可以利用门户服务器提供的构筑门户应用的基础组件工具"portlet"小程序。应用开发商可以开发很多这样的"门户组件"，同时集成别人开发的"门户组件"来搭构企业门户。使用门户的用户可以主动地选择可选的"门户组件"进行个性化的选择，构造自己的"门户"。"门户组件"可以是对企业后端应用的访问，也可以是自己或别人的网站的一部分。由于用户在向门户描述自己时可能给出了自己的兴趣或爱好，所以门户网站也可以根据这些信息主动地"推"信息给使用者。

门户服务器在支持个性化和多渠道接入方面特点突出。门户服务器的重要意义还在于它作为 Web 服务的"客户端"的作用。有人这样看待门户技术，称它在 Web 服务时代的重要性就如同 Client/Server 时代的 Windows，互联网时代的浏览器。

3. 数据交换和应用集成技术

信息化建设的不断深入，信息系统之间的信息共享已越来越受到重视。如何达到信息交换与共享，提高总部与子公司、各相关部门的协同能力，应用集成技术成为当今信息化建设的一种重要手段与技术基础。

数据交换和应用集成的核心是一组开发工具，它可以生成用于联接不同应用系统的组件，通过这些组件对应用系统进行再构造，形成一个更强大的系统。

数据交换和应用集成平台包括基于统一数据总线技术的 EAI 平台、与各应用系统的适配联接组件、数据传输/消息通信中间件、以及开发套件等。

应用集成系统的开发套件有两个功能：开发应用集成联接组件和部署应用集成联接组件。开发套件通过其中的工具分别对联接组件的输入、输出端、对应关系和处理要求进行描述，开发组件根据这些描述，运用已有的基本模板，生成专用的应用集成联接组件，并通过部署工具将应用联接组件部署到运行平台上。

4. Web Services 技术

Web Services 是为了让地理上分布在不同区域的计算机和设备一起工作，以便为用户提供各种各样的服务。用户可以控制要获取信息的内容、时间、方式，而不必像现在这样在无数个信息孤岛中浏览，去寻找自己所需要的信息。利用 Web Services，公司和个人能够迅速且廉价地通过互联网向全球用户提供服务，建立全球范围的联系，在广泛的范围内寻找可能的合作伙伴。随着 Web 服务技术的发展和运用，我们目前所进行的开发和使用应用程序的信息处理活动将过渡到开发和使用 Web Services。将来，Web Services 将取代应用程序成为 Web 上的基本开发和应用实体。

Web Service 规范了应用程序组件的包装、接口标准，应用系统之间可以通过 SOAP 协议进行访问，通过 XML 来交换数据，这为分布式应用之间提供了简单、开放、标准的耦合新途径，已经得到越来越多业界的支持。

5. 目录技术

可考虑基于 LDAP 目录技术实现整个企业级的用户管理和部署。

目录服务是在分布式计算机环境中，定位和标识用户以及可用的各网络元素和网络资源，并提供搜索功能和权限管理功能的服务机制。企业或政府部门为了实现各个分立的"信息孤岛"走向连通和融合，一方面应用系统需要将自身的职能和业务协作要求公布出去；另一方面，也希望能够检索并获取其他应用系统的信息和公共的信息资源。这些需求采用目录服务都能够得到满足。

目录服务的核心是一个树状结构的信息目录，将网络中的数据资源、数据处理资源和用户信息按有次序的结构进行组织，并且专门针对海量查询的使用情况进行了优化，极大地提高了数据读取和查询性能。目录服务不仅可以提供分布式计算网络的视图，以逻辑的观念来管理网络，而且它能实现以人为本的网络管理方式。它可以记载网络的所有文件以及所有在网络上运行的资源，以及使用者账号、身份口令、密码、卷、文档、应用程序以至于域名服务器 DHCP、IP 地址以及认证的公钥等。此外，目录软件还保存和管理对包括人员、业务过程和供内部使用的资源等有关公司和政府机构详细信息的访问。目录服务树中的一个目录对象可以通过它的名字检索，或者通过使用一组搜索标准（表示目录对象的名字和属性）检索。

在分布式计算环境中，各单位对其他单位有用的信息可以在目录服务注册、解除注册和查询。目录服务与数据库服务的不同之处在于，它们一般缺少数据库提供的事务功能和大规模数据的数据库支持。利用目录服务可以实现以下功能：

（1）企业和政府机构内部拥有内部信息资源的管理，以分布方式存储有关系统构成的信息，在多个服务器中复制目录，通过查询目录服务器来获得所需要的信息；

（2）为企业和个人提供白页和黄页查询服务，如企业、单位的服务电话、通信地址等；

（3）对个人和企业进行统一信息管理，实现单一用户登录，统一管理服务、资源和应用程序的使用；

（4）对企业、政府机构所提供的服务功能提供统一目录管理，便于注册、查找和修改；

（5）信息资源的即时更新，使得目录访问者可以随时获得最新的信息。广义上讲，安全证书管理、DNS、NIS、UDDI 等都可以纳入到目录服务的范畴。目前 CA 中心的安全证书管理和 UDDI 注册库的管理都使用了 LDAP 目录服务。LDAP 目录服务提供的是一种统一的目录访问的服务，其与对外所提供的服务功能是没有直接关系的，其所提供的是一种目录服务的统一机制。所以这里说的目录服务是 X. 500 目录服务以及其简化版本 LDAP。

6.4　工业园数字企业的构建模式

6.4.1　企业自建模式

企业自建是指企业自己企业内部建立独立的局域网，建立与企业信息相关的信息化服务，实现数字企业的门户、OA 办公自动化、邮件系统、ERP、SCM、CRM、电子商务系统等等，根据需要建立的各种企业应用系统，并由信息部门专门进行信息维护和系统维护，简单说就是由企业自己内部部门来进行信息化的规划、建设与维护。

6.4.2　中小企业基本模式

多个应用服务提供商的产品和服务聚集成一个个产品，然后让用户从各种各样的解决方案（通常由应用服务软件提供商提供）中选择出中意的产品。他们向用户提供一个单独的平台、一个服务和支持中心、一个简单的用户界面提供基本的中小企业数字化软件包，实现 OA 办公自动化、邮件系统、外网建站平台、基础自动化、基本的 CRM 系统等基本功能，以期达到以最小的成本实现最基本的企业数字化等级。

6.4.3　ASP 模式

工业园建设基于 Internet/Extranet 的 ASP（应用服务提供商）数字企业信息服务在线平台，为中小企业提供专业的信息技术服务，降低中小企业信息化成本。

中小企业日常面临的主要问题是寻找客户。如何充分发挥企业生产能力，最大限度地满足客户需求、从而争取大量订单是企业面临的最大问题。因此，中小企业的主要精力通常在业务上，对 IT 基础建设没有太大的承受力。但是，所有企业都对诸如计账、人事薪资、生产计划、销售和存货方面的应用软件有需求，一些企业往往还有更高的需求。作为 ASP 服务商，提供给中小企业的是完整的信息系统及其相关服务。ASP 是透过 Internet 提供企业所需要的各种应用软件服务，如人事、薪资、财会、ERP，甚至是 Intranet、E-mail 服务等。ASP 实际上是一种应用服务外包的概念，所不同的是，ASP 强调以 Internet 为核心，替企业部署、主机服务及管理、维护企业应用软件。而一个企业要使用这些服务，只需有电脑及浏览器，通过 Internet 连到 ASP 服务网站，键入公司、姓名及密码，即可使用各种应用软件和存取各种资源。

1. 服务体系

面向中小型制造企业的 ASP 服务平台能够为企业提供涵盖计划、采购、设计、制造、管理、市场服务等各个业务环节的服务，涉及到企业信息化实施和应用的各个层面。

（1）在观念层，沿着企业的业务过程，提供供应商分析、特定行业领域的咨询、企业现状和信息化水平的诊断、信息化规划和建设的建议，以及面向全球市场的战略分析；

（2）在表示层，为企业建立企业门户、做企业邮局、提供企业的商务平台、帮助企业进行信息发布、实现企业间/企业客户间的信息共享，以及网络学校形式的学习和培训（E-Learning）；

（3）在集成层，由于 ASP 的统一建设和专业服务，将方便地提供基于组件的服务、可靠的安全保证和系统的自动升级；

（4）在应用层，提供基于 Internet 的各种应用软件，采取租赁的形式，将企业需要的功能模块从完备的系统中提取出来，重新封装组合成个性化应用解决方案（Custom-built Application Suite Solution）提供给使用者，常用的有设计分析软件、计划调度管理软件、项目管理软件、供应商的评估软件等等；

（5）在数据层，主要实现各种形式的数据托管，如制造资源数据托管、管理数据托管、调研分析数据及客户资料托管等；

（6）在人员层，ASP 能够发挥中介优势，汇集大批专业力量，为企业提供商务专家、设计分析师、加工人员、信息管理人员和客户服务队伍，减少企业在人力资源上的投资和培训费用；

（7）在设备层，提供了信息化建设必备的大型计算机通讯设备、网络互联和路由设备、物流运输设备（如车、船等），节省了大量的企业资金。

2. 服务内容

从服务的角度看，这些服务内容主要包括以下三点：

（1）平台租用：主机托管；应用软件租用，包括企业人事、薪资管理、ERP、email、ERM、CRM、电子商务等；热线支持；现场支持；网络租用，包括路由器、交换机、Modem、防火墙等；定制开发；坐席出租，如 Call Center

坐席;

（2）规划与培训：建设方案的制定、方案的实施、应用培训、管理培训等;

（3）监控与维护：应用监控、数据库监控、主机监控、数据库优化、数据备份、安全管理，包括防火墙、防病毒软件等、系统升级等。

3. 服务意义

为了提供上述服务，工业园建设通常必须与其他合作伙伴进行联合，如与ICP、顾问公司、传呼公司、公共服务公司以及IT供应商的合作。利用上述的服务为中小企业带来了下列好处。

（1）节省企业在招募IT人才和建设IT系统时的大笔投资。一般来讲，一个企业，无论要建设的IT系统多么精巧，软件和硬件的总投资至少都在几十万元以上。招募IT人才则更伤脑筋。一般情况下，优秀的IT人才首先会流向各种专业的IT企业，因此，中小企业聘请高级IT人才的愿望很难实现。就算招募到了人才，由于无法提供更大的发展空间，因此也难以留住这些人才。没有人才，维护IT系统的正常运行将变得不可能。而ASP服务商可以聘用专门人才集中管理设备和应用系统，中小企业不必再增聘专门人才，这样一来，企业以较小的投资，快速利用ASP服务商提供的IT工具提升自身的竞争能力，并且避免了人才竞争带来的压力。

（2）降低企业的培训成本。ASP服务商可以提供统一的技术培训教材，提供在线技术培训，因而可以大大降低企业的人员教育成本。

（3）提高了企业的运作效率。通过ASP服务，企业可以真正将精力放在企业自身的核心业务上面，避免对IT系统软件和硬件系统的日常维护，有助于提高企业的业务运作效率。

（4）减轻了应用系统的后续维修与升级问题。企业可以根据公司业务发展的需要再添置新的应用服务，也不用担心应用系统捆绑在哪个平台上。这些问题全部交给ASP供应商的专业人员解决。而ASP服务商可以通过一次升级完成，节约了再培训成本。

（5）ASP服务能为企业提供更好的环境。一个中小企业在建设信息系统时，出于规模和投资考虑，可能不会采取备份和容灾措施，也不会采用更先进的技术。但是，ASP服务商却可以提供公共的灾难备份系统，甚至为企业提供大型存储网络和数据中心技术，使企业享受最优秀的专业化信息服务。

（6）企业可以享受更高水平的服务。对于中小企业，企业管理领域内的知识在短时间内很难积累，ASP服务商可以扮演一个角色，那就是与咨询服务商合作，为中小企业提供管理咨询服务，也可以为企业的未来成长规划发展空间。另外，ASP服务商还可以通过客户的数据，做出决策分析报告，例如哪些客户对企业营业额贡献最多？哪些产品最受欢迎？从而了解市场走势，利用80/20法则，稳固客户群。使用 ASP 模式，还可以使高端数据库产品"飞入寻常百姓家"。因此，ASP 能够让中小企业跟上市场和技术潮流，抓住商机。

（7）ASP 服务的收费模式非常灵活，减轻了中小企业的资金负担。企业 IT 建设的三种方式（自行开发、购买产品、ASP 外包）中，ASP 模式投资回报率最高，同时风险最低。

6.5 工业园数字企业建设与现代企业管理

工业园数字企业的自动化和信息化系统是面向企业的先进管理和控制工具，应与现代企业管理模式相互融合、协调，并从复杂系统工程角度，综合考虑企业业务战略、流程整合再造等非技术因素，共同打造一个现代制造系统，提升数字企业的竞争能力。

6.5.1 现代企业管理模式

1. 敏捷制造（Agile Manufacturing）

敏捷制造就是指制造系统在满足成本和高质量的同时，对变幻莫测的市场的需求的快速反应。制造企业的敏捷能力体现在以下六个方面：

（1）对市场快速反应能力：判断和预见市场变化并对其快速做出反应的能力；

（2）竞争性：企业获得一定生产力、效率和有效参与竞争所需的技能；

（3）柔性：以同样的设备与人员生产不同产品或实现不同目标的能力；

（4）快速：以最短的时间执行任务（如产品开发、制造、供货等）的能力；

（5）企业策略上的敏捷性：企业针对竞争规则及手段的变化、新的竞争对手的出现、国家政策法规的变化、社会形态的变化等做出快速反应的能力；

（6）企业日常运作的敏捷性：企业对影响其日常运作的各种变化，如用户对产品规格、配置及售后服务要求的变化、用户订货量和供货时间变化、原料供货出现问题及设备出现故障等做出快速反应的能力。

敏捷制造企业具有以下特征：并行工作，继续教育，顾客拉动的组织结构，动态多方合作，尊重雇员，向团队成员授权，改善环境，柔性重构，可获得与可使用，具有丰富的知识和适应能力的雇员，开放的体系结构，一次成功的产品设计和产品终生质量保证，缩短循环周期，技术领先作用，灵敏的技术装备，整个企业集成，具有远见卓识的领导。制造企业敏捷能力依赖五个方面的技术：

（1）产品设计和企业并行工程；

（2）虚拟制造，即在计算机上模拟制造过程的全过程；

（3）制造计划与控制的集成；

（4）智能闭环加工；

（5）企业集成等。

2. 精益生产（Lean Production）

精益生产（LP）的核心内容是准时生产方式（JIT），该种方式通过看板管理，成功地制止了过量生产，实现了"在必要的时候生产必要数量的必要产品"，从而彻底消除了制造过程中的浪费，以及由其衍生出来的种种间接浪费，实现生产过程的合理性、高效性和灵活性。JIT方式是一个完整的技术综合体，包括经营理念、生产组织、物流控制、质量管理、成本控制、库存管理、现场管理等在内的较为完整的生产管理技术和方法体系。

精益生产是在JIT生产方式、组成技术（GT）以及全面质量管理（TQC）的基础上逐步完善的，它制造了一幅以LP为屋顶，以JIT、GT、TQC为支柱，以CE和小组化工作方式为基础的建筑画面。它强调以社会需求为驱动，以人为中心，以简化为手段，以技术为支撑，以尽善尽美为目标，主张消除一切不产生附加价值的活动和资源，从系统观出发，将企业中所有功能合理地加以组合，以利用最小的资源、最低的成本向顾客提供高质量的产品服务，使企业获得最大利润和最佳应变能力。

LP特征具体可归纳为以下几个方面：

（1）简化生产制造过程，合理利用时间，实现拉动式的准时生产，杜绝一切超前、超量生产。采用快速更换工装模具新技术，把单一品种生产线改造成多品种混流生产线，把小批次小批量轮换生产改变为多批次小批量生产，最大限度降低在制品储备，提高适应市场需求的能力；

（2）简化企业的组织结构，采用"分布适应式生产"，提倡面向对象的组织形式，强调权力下放给项目小组，发挥项目组的作用，采用项目组协作方式而不是等级关系，项目组不仅完成生产任务而且参与企业管理，从事各种改进活动；

（3）精简岗位与人员，每个生产岗位必须是增值的，否则就撤除，在一定岗位的员工都是一专多能，互相替补，而不是严格的专业分工；

（4）简化产品开发和生产准备工作，采取"主查"制和并行工程的方法。克服了大量生产方式中由于分工过细所造成的信息传递慢、协调难、开发周期长的缺点；

（5）减少产品层次；

（6）综合了单件生产和大量生产的优点，避免了前者成本高和后者僵化的弱点，提倡用多面手和通用性大、自动化程度高的机器来生产品种多变的大量产品；

（7）建立良好的协作关系，克服单纯纵向一体化的做法；

（8）JIT的供货方式，保证最小的库存和最小的制品数。与供货商建立良好的合作关系，相互信任，相互支持，利润共享；

（9）"零缺陷"的工作目标。即最低成本、最好质量、无废品、零库存与产品的多样性。

3. 并行工程（Concurrent Engineering）

1988 年美国国家防御分析研究所完整地提出了并行工程的概念，即并行工程是集成的、并行的设计产品及其相关过程（包括制造过程和支持过程）的系统方法。这种方法要求产品开发人员在一开始就考虑产品整个生命周期中从概念形成到产品报废的所有因素，包括质量、成本、进度计划和用户要求等。并行工程是一种现代产品开发中新发展的系统化方法，它以信息化为基础，通过组织多学科的产品开发小组，利用各种计算机辅助手段，实现产品开发过程中的集成，达到缩短产品开发周期，提高产品质量，降低成本，提高企业竞争能力的目标。

CE 的特征主要表现在：

（1）并行特征：把时间上有先后顺序的作业活动转变为同时考虑和尽可能同时处理和并行处理的活动；

（2）整体特征：将制造系统看成为一个有机整体，各个功能单元都存在不可分割的内在联系，特别是有丰富的双向信息联系，强调全局性地考虑问题；

（3）协同特性：特别强调人们的群体协同作用，包括与产品全生命周期的有关部门人员组成的小组或小组群协调工作，充分利用各种技术和方法的集成；

（4）约束特性：在设计变量（如几何参数、性能指标、产品中各零部件）之间的关系上，考虑产品设计的几何、工艺及工程实施上的各种相互关系的约束和联系。

CE 的关键技术是：

（1）协同工作和进行产品开发过程的重构在并行设计中，分为四个阶段进行设计和评估，即产品概念设计、结构设计及其评价、详细设计及其评价、产品总体性能的评价。然后进行工艺过程优化，并在完成产品设计、工艺设计、总体设计和详细设计的基础上，对实际加工制造过程进行仿真；

（2）集成产品信息模型并行工程强调多环节协同工作，设计过程的产品信息交换成为关键问题，它是进行并行的基础。集成产品信息模型为产品生命周期的各个环节提供产品的全部信息。基于 STEP 标准，对产品进行定义和描述，基于广义特征，建立产品生命周期内的集成产品信息模型，广义特征包括产品开发过程中全部特征信息，如：用户要求、产品功能、设计、制造、材料、装配、费用和评价等；

（3）并行设计过程协调与控制并行设计的本质是许多大循环过程中包含小循环的层次结构，它是一个反复迭代优化产品的过程。并行设计过程的管理、协调与控制是关键。产品数据管理（PDM）能对并行设计起到技术支撑平台的作用。产品数据是在不断地交互中产生的，PDM 能在数据的创新、更改及审核的同时，进行跟踪监视数据的存取，确保产品数据的完整性、一致性以及正确性，保证每一个参与设计的人员都能及时地得到正确的数据，从而使产品设计返回率达到最低。

4. 全能制造系统（Holonomic Manufacturing System）

全能一词有两层含义：一是如果一个复杂系统由若干个简单的系统组成，这个系统将比全新设计的系统更快更稳定；二是整体和局部是相对的，一台机器可看成是整体，但对企业来说，它是局部的。全能制造的要点就是要建立一个高分布的制造系统的体系结构。它是由一系列标准的、半标准的、独立的、协作的智能模块组成。HMS 的特点主要表现在：

（1）整体之间具有暂时的递阶层次关系；

（2）整体化规模可大可小，可以扩展；

（3）能够迅速自组织，以适应市场对产品、产量和交货期的改变；

（4）全能制造的目标不是取代人的技能，而是支持人的技能得到充分的发挥；

（5）组织结构从传统的、固定不变的机械型向更适应市场竞争的生物型转化；

（6）全能制造的精髓是加强其本单元的独立自主性格调；

（7）实现 HMS 的前提；

（8）精简一切不必要的环节、过程和结构；

（9）将企业的各种活动进行要素化和标准化；

（10）做到各个装备和各生产线自律化，由此来适应制造活动全球化的发展趋势，减少过于庞大的重复投资，并通过先进、灵活的制造过程来解决制造系统中的问题。

5. 柔性制造技术（Flexible Manufacturing Technology）

柔性制造技术是一种主要用于多品种中小批量或变批量生产的制造自动化技术，它是对各种不同形状加工对象进行有效地且适应性转化为成品的各种技术总称。FMT 的根本特征是柔性，是指制造系统对企业内部及外部环境的一种适应能力，也是指制造系统能够适应产品变化的能力，可分为瞬时、短期和长期柔性三种。FMT 是电子计算机技术在生产过程及其装备上的应用，是将微电子技术、智能化技术与传统加工技术融合在一起，具有先进性、柔性化、自动化、效率高的制造技术。

FMT 有多种不同的应用形式，按照制造系统的规模、柔性和其他特征，可以分为独立制造岛（AMI）、柔性制造单元（FMC）、柔性生产线（FML）、准柔性制造系统（P-FMS）、柔性制造系统（FMS）和以 FMS 为主体的自动化工厂

（FA）。

柔性自动化的共同特征是：工序相对集中、没有固定的生产节拍、物料的非顺序输送。其目标是：在中小批量生产条件下，接近大量生产方式，保持灵活性的同时，达到刚性自动化的高效率和低成本。

柔性制造系统的组成可概括为三部分：多工位数控加工系统、自动化的物料储运系统和计算机控制的信息系统。

FMT 包括以下内容：规划设计自动化、设计管理自动化、作业调度自动化、加工过程自动化、系统监控自动化、离散事件动态系统、FMS 的体系结构、FMS 系统管理软件技术、FMS 中的计算机通信和数据库技术。

6. 绿色制造（Green Manufacturing）

绿色制造是综合考虑环境影响和资源利用效率的现代制造模式，其目标是使产品从设计、制造、包装、运输、使用到报废处理的整个生命周期中，废弃资源和有害排放物最小，即对环境的负面影响最小，对健康无害，资源利用效率最高。

绿色制造的内涵包括绿色资源、绿色生产过程和绿色产品三项主要内容和物料转化和产品生命周期两个层次的全过程控制。

实现绿色制造的途径有三条：

（1）改变观念，树立良好的环境保护意识，并体现在具体行动上，可通过加强立法、宣传教育来实现；

（2）针对具体产品的环境问题，采取技术措施，即采用绿色设计、绿色制造工艺、产品绿色程度的评价机制等，解决所出现的问题；

（3）加强管理，利用市场机制和法律手段，促进绿色技术、绿色产品的发展和延伸。

7. 计算机集成制造系统（CIMS）

计算机集成制造系统是一种组织、管理和运行企业的生产哲理，其宗旨是使企业的产品具有高质量、低成本、上市快、服务好、环境清洁的特点，使企业提高柔性、健壮性、敏捷性以适应市场变化，进而使企业赢得市场竞争主动权。

企业生产的各个环节，即市场分析、经营决策、管理、产品设计、工艺规划、加工制造、销售、售后服务、产品报废等活动过程是一个不可分割的有机整体，要从系统的观点进行协调，进而实现全局的集成优化。

计算机集成制造系统由下述四个系统构成：集成化工程设计与制造系统（CAD/CAE/CAPP/CAM）、集成化生产管理系统（CAPP 或 MES）、柔性制造系统（FMS/FMC）和数据库与网络（DB 与 NW）。

计算机集成制造系统的关键技术有：信息集成（包括企业建模、系统设计方法、软件工具和规范）、过程集成、过程重构和企业集成等。

8. 虚拟制造（Virtual Manufacturing）

虚拟制造是一种新的制造技术，它以信息化、仿真技术、虚拟现实技术为支持，在产品设计或制造系统的物理实现之前，就能使人体会或感受到未来产品的性能或者制造系统的状态，从而可以做出前瞻性的决策与优化实施方案。虚拟制造是一个集成的、综合的可运行制造的环境，用来改善各个层次的决策和控制。这里的"综合"，指的是既有真实的，又有仿真的对象、活动和过程，是一种混合的状态。"环境"是指提供的各种分析工具、设备以及组织方法，并以协同工作的方式，支持用户构造特定用途的制造仿真。"改善"是指增加其精度和可靠性。"层次"指从产品概念设计到回收利用的各个阶段、从车间级到执行位置的各个等级、从物质的转换到信息的传递等各个方面。

虚拟制造 VM 可分为三大类。

（1）以设计为中心的虚拟制造。这类研究是将制造信息加入到产品设计与工艺设计过程中，并在计算机中进行数字化"制造"，仿真多种制造方案，检验其可制造性或可装配性，预测产品性能和报价、成本。其主要目的是通过"制造仿真"来优化产品设计及工艺过程，尽早发现设计中的问题。

（2）以生产为中心的虚拟制造。这类研究是将仿真能力加入到生产计划模型中，其目的是方便快捷地评价多种生产计划，检验新工艺流程的可信度，产品的生产效率、资源的需求状况，从而优化制造环境的配置和生产的供给计划。

（3）以控制为中心的虚拟制造。这类研究是将仿真功能增加到控制模型中，提供对实际生产过程仿真的环境，其目的是在考虑车间控制行为的基础上，评估新的或改造的产品设计与车间生产相关的活动，从而优化制造过程，改进制造系统。

虚拟制造 VM 的关键技术有：计算机及 VR 技术，包括人机接口技术、软件技术、虚拟现实计算平台和制造应用技术（包括建模、仿真、可制造性评价等）。

9. 分散化网络化制造系统（Dispersed Networked Production System）

分散化网络化制造系统是利用不同地区的现有生产资源，把他们迅速组合成一种没有围墙的、超越空间约束的、靠电子手段联系的、统一指挥的经营实体，以便快速生产出高质量、低成本的新产品，是实现敏捷制造和可持续发展的一种生产模式。分散化网络化制造系统主要类型：

（1）一主多从型：主要是复杂产品的生产，主导企业仅从事产品的装配，如汽车的生产；

（2）专有技术型：在设计、开发和制造高新技术产品的过程中，往往需要某些专有技术和特种装备，例如复杂构件的强度和应力分析、热变形分析、复杂过程的仿真、快速原型制造、超精密加工等。这种具备专有技术的小公司是知识型和智力型的，他们虽然不具有大型生产设备和能力，但掌握关键的高新技术，往往是分散化网络化制造系统的重要组成部分，可以促使专有技术和特种设备社会化和商业化，实现利益共享；

（3）动态联盟型：随着经济机遇和产品、经营过程和合作伙伴、经营目标和核心资源、产品供应链以及风险和利益等关系的变化，分散化网络化制造系统的主导企业可能发生变化，"盟主"地位是动态的。

分散化网络化制造系统的关键技术有：制造企业信息网络、快速产品设计和开发网络、由独立制造岛组成的产品制造网络、全面质量管理和用户服务网络、电子财务网络、制造工程信息网络等技术。

6.5.2　工业园数字企业建设的非技术因素

企业数字化是一项复杂的系统工程，除技术因素外，还包含繁多的非技术因素。按照系统工程观点，系统是由许多要素构成的整体，要素之间，要素与整体之间，整体与环境之间存在着有机联系，系统具有整体功能，功能是有层次的，系统的存在与发展必须适应环境的变化。企业数字化的组成要素不仅包括信息工具，而且包括信息资源、人员、工作程序、规章制度在内。对于数字企业，企业业务战略和业务流程也是非常重要的。

1. 个人与组织行为

数字化技术的迅猛发展和信息技术硬软件的层出不穷，使一部分从事数字化技术的人滋生了技术决定论的思想，沉醉于信息技术在技术上的某些优异功能，而忽视了数字化技术毕竟只是一种工具，它是要通过对信息的操作为人类的各种活动服务的。表现在系统的规划和设计上，就是不能充分听取使用方面的需求，对工作环境和工作流程不做深入了解，做了许多想当然的假设；在对数据的考虑和收集上，未能认真地进行调查研究，探究数据来源，仅从表面的了解就认为所需的数据都能轻而易举地获得。对业务流程的深入了解缺乏耐心，对不了解的业务知识也不能虚心学习请教，认为使用人员提供什么自己就做什么，反正自己所提供的技术是没问题的，将来出了问题责任在使用者一方。这样一些狭隘的看法和做法，使得信息系统的开发很难沿着正确的道路前进。

从用户方面来看，无论是领导还是工作人员，对于一种新技术的应用，应该报以欢迎的态度，并且主动与信息技术人员配合。但是不同的人出于各自的个人考虑，会采取不同的态度。对一般工作人员来说，有的人对新事物比较敏感，乐意接受新事物，对信息化工作积极参与，但也有的比较保守，持怀疑态度。特别是有些人担心采用信息工具后会使他改变工作岗位或下岗失业，或者由于采取了信息系统以后，威胁到他的权利地位以至于他个人的利益，因而采取消极、冷漠甚至抵制的态度，不但不积极配合，甚至采取阻挠的态度。一旦在开发过程或使用过程中出现问题，他们就会幸灾乐祸，冷嘲热讽，给工作造成阻力。

对于工作人员中出现的种种现象，如果领导者采取一些措施，就可以化解这些矛盾。这些措施包括和下属人员就数字化的意义和作用、对企业生存和发展的影响等多多沟通思想，交换意见，特别是指出作为技术进步手段的数字化的发展是大势所趋，人们应该顺应这一发展趋势，掌握新的知识和技能，以适应新的工作要求，鼓励员工积极向上，主动适应新的要求；鼓励员工积极参与数字化工作，发挥他们的专长，使他们由于自己的贡献而产生成就感；同时提供一些培训和学习机会，使他们对新事物感兴趣，还可以采取一些奖励措施，对积极推动信息化工作和努力掌握信息技术的员工，给以物质和精神上的奖励等等。必要时，也还得采取一些强制措施。

对于一项较大规模的企业数字化开发工作来说，由于动用的资源比较多，牵涉到的部门也比较多，范围比较广，需要跨部门协调的事情也很多。如果企业的领导者不亲自组织和领导这项工作，困难是比较多的。特别是沟通各个职能部门，没有上一级的亲自过问，问题常常难以解决。在我国信息技术界，常常提出"第一把手原则"，这是经过许多失败总结出来的原则。

2. 企业业务战略

一般来讲，企业战略由以下四个要素组成。

（1）经营范围：经营范围是指企业从事生产经营活动的领域，又称为企业的定域。它反映出企业目前与其外部环境相互作用的程度，也可以反映出企业计划与外部环境发生作用的要求。

（2）企业的资源配置：即企业过去和目前资源和技能配置的水平和模式，资源配置能力的高低和配置效果的好坏会极大地影响企业实现自己目标的程度，又称为企业的特殊能力。

（3）竞争优势：竞争优势是指企业通过其资源配置的模式与经营范围的决策，在市场上所形成的与其竞争对手不同的竞争地位。

（4）协同作用：协同作用是指企业从资源配置和经营范围的决策中所能寻求到的各种共同努力的效果。也就是说，分力之和大于各分力简单相加的结果。一般来讲，企业的协同作用可以分为投资协同作用、作业协同作用、销售协同作用和管理协同作用。

企业要获得长期的生存和发展，要正确地处理自己的外部环境和内部条件。一般来讲，与外部环境有关的变化对企业的效能有很大的影响；而与企业内部条件有关的变化则对企业的效率影响更大些。因此，企业在处理内外部关系上，就是要正确处理好效能和效率的关系；特别是要改进企业的效能，调整企业与外部环境的适应程度。

从企业不同层次的战略的作用来看，企业总体战略和经营单位战略要注重的是改进效能的问题，即做正确的事情；而职能部门战略则是考虑改进效率的问题、即正确地做事情。在这些变化面前，企业不能只迷恋过去生产上的效率，而要调整自己的总体战略或经营单位战略，把改进效能的工作放在管理工作的首位。

3. 从价值链角度进行流程整合和流程再造

企业价值链的联系可以划分为价值链的内在联系和价值链间的联系。这两种联系对于企业竞争优势都有着非常重要的作用。

（1）价值链的内在联系

价值链不是一些独立活动的集合，而是相互依存的活动构成的一个系统。在这个系统中，各项活动之间存在着一定的联系，这些联系体现在某一价值活动进行的方式与成本之间的关系，或者与另一活动之间的关系。企业的竞争优势既可以来自单独活动本身，也常来自各活动间的联系，最常见的是价值链中主体活动与支持活动间的各种联系，在各项主体活动之间，这种联系的作用更为突出。

企业价值活动间的内在联系所形成的竞争优势有两种形式：最优化与协调。企业为了实现其总体目标，往往在各项价值活动间的联系上进行最优化的抉择，以获得竞争优势。例如，企业在考虑产品设计与服务成本时，为了获得差别化优势，可能会选择成本高昂的产品设计、严格的材料规格或严密的工艺检查，以减少服务成本。在协调方面，企业通过协调各活动间的联系，来增加产品的差别化或降低成本。例如，企业要按时发货，则需要协调企业内部的生产加工、成品储运和售后服务等活动之间的联系。

（2）价值链间的联系

价值活动的联系不仅存在于企业价值链内部，而且存在于企业与企业的价值链之间。其中，最典型的是纵向联系，即企业价值链与供应商和销售渠道价值链之间的联系。后者往往对企业活动的成本和效益产生影响，反之亦然。

企业价值链与供应商价值链之间的各种联系为企业增强竞争优势提供了机会。通过影响供应商价值链的结构，或者通过改善企业与供应商价值链之间的关系，企业与供应商常常会双方受益。销售渠道的各种联系与供应商的联系类似，销售渠道具有企业产品流通的价值链，它对企业价格的增加经常在最终销售价格中占很大比重。此外，销售渠道进行的各种促销活动可以替代或补充企业的活动，从而降低企业的成本或提高企业的差别化。

6.6　工业园数字企业的实施方法论

6.6.1　工业园数字企业的设计方法

设计方法主要体现在集成系统体系结构之中，它指明了系统设计、开发、运行、维护的系统生命周期，指明了系统设计实施的方法论，并指明了分析和系统构建的手段。

1. 体系结构

体系结构的目标是为数字企业系统的设计、构建、实施与运行提供工具和方法体系。它以模型的方式重点描述系统的各种结构特征，并对其动态特征，尤其是引发动态特征的约束机制给予描述。因此体系结构反映研究对象在特定时间区间的相对静态的结构特征及影响对象动态特性的约束机制。体系结构的构成包括五项基本要素：视图的划分、建模方法、系统生命周期、系统的基本组成要素和系统实施方法论。此外还包括一项辅助要素：术语/本体。

数字企业的参考体系结构如图6.8所示。

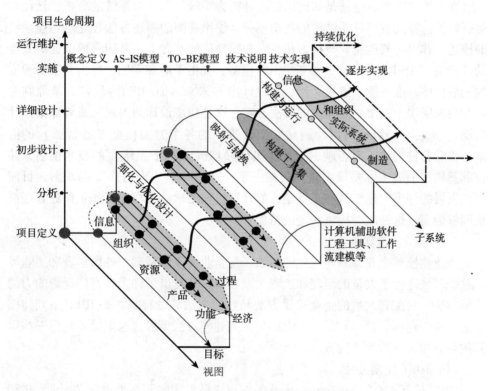

图 6.8 数字企业的参考体系结构

在进行数字企业这样一个复杂巨系统的设计和构建过程中，应该通过视图划分的方法，简化系统描述，实现分而治之。在视图划分上包括反映结构信息的信息视图、资源视图、组织视图、产品视图，反映系统时间和逻辑特征的过程视图，结合反映系统功能结构和功能关系的功能视图，以及反映企业经济性和目的性的经济视图。通过不同的侧面对系统进行描述，通过视图信息的综合，得到对系统特征的总体理解。与此同时，在企业建模和系统分析领域存在大量的成熟的企业建模分析方法，通过采用视图的描述信息，可以提高采用不同建模方法对同一系统分析的一致性。

作为数字化企业建设项目的生命周期，其起始于项目定义，终止于"实施"，但是作为集成系统，其生命周期还应该包括运行维护和系统的瓦解。该生命周期的划分与 863/CIMS 主题应用示范工程规范对项目生命周期的划分是一致的，从项目定义开始，经过分析、初步设计、详细设计到实施。唯一不同的是包含了系统的运行维护，因为用好集成系统也需要得到体系结构的帮助，在系统运行过程中存在大量的跟踪、调整和优化的工作，建模方法也能起到重要的作用。

在方法论方面，也就是如何以建模分析为手段，完成对系统的分析、设计与运行维护。首先按照体系结构的视图划分，使用视图的描述方法建立对当前系统的描述，并引进其他企业建模方法，在视图描述的基础上，共同形成保证一致性的"当前（AS-IS）模型"，分析 AS-IS 模型，找出矛盾和问题，排出其重要程度的先后次序，准备逐步解决。然后，设计出"未来（TO-BE）模型"，从原则上和在抽象层次上提出满足需求的解决方案，这是初步设计的内容（或者详细设计前期）。而在详细设计阶段，则是要把改进了的各个方面模型（各视图）的需求，借助各种构建工具，映射成三个具体领域（或称子系统）的技术说明，并在此基础上形成实际系统。这里强调一下，这是一个"多对多"的映射，目前正在发展的许多构建工具和工具集，如计算机辅助软件工程工具和工作流管理系统能够为实现这种映射提供一定的帮助。

2. 建模分析方法

企业建模是企业诊断和优化的基础，是企业集成的基础，各国学者和工业界在这个领域进行了大量的研究和工程实践工作，开发出了许多具有广泛影响力的建模方法。目前有大量的企业建模方法和建模方法族的存在，如 IDEF 系列建模方法、统一建模语言（UML）、ARIS 的系列建模方法等等，这里简要介绍一些重要的企业建模方法和方法族。

（1）IDEF 建模方法

IDEF 是 ICAM DEFinition method 的缩写，是美国空军在上世纪 70 年代末 80 年代初，ICAM（Integrated Computer Aided Manufacturing）工程在结构化分析和设计方法基础上发展的一套系统分析和设计方法，后来就称之为 Integration Definition method，如图 6.9 所示。

（2）ARIS 系列建模方法

ARIS 是由德国 Saarbrüecken 大学 A. W. Scheer 教授提出的集成信息系统体系结构（ARIS，ARchitecture Integrierter Informations System），如图 6.10 所示。由于 Scheer 教授创立的 IDS 公司在此基础上开发了一套完整的 ARIS 建模分析软件

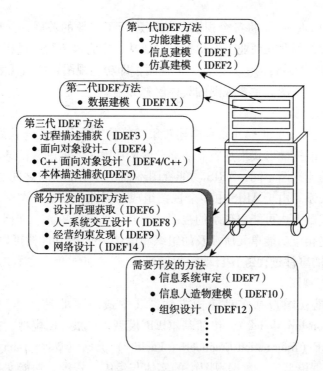

图 6.9 IDEF 建模方法

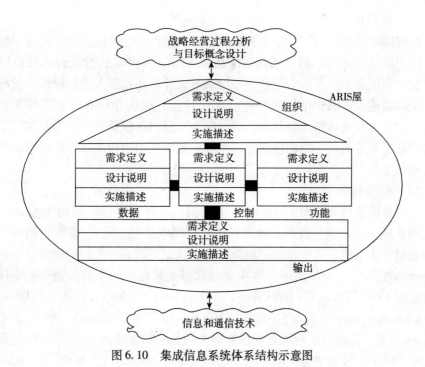

图 6.10 集成信息系统体系结构示意图

工具（ARIS Toolsets），将各个视图的信息进行了有效的关联，并提供了基本的仿真分析手段，因此在商业上取得很大的成功，成为最流行的过程建模分析软件之一。在 ARIS 体系结构中共包含五个视图，即功能视图、数据视图、组织视图、输出视图和控制视图。主要视图的具体解释如下。

（1）功能视图

ARIS 功能视图的主要元素是描述对象功能的方框及相关连接线。ARIS 功能视图主要以功能树的形式描述企业功能分解的层次关系的配置信息。与 IDEF0 方法所描述的功能视图不同，ARIS 功能视图不描述各功能模块之间的输入、输出、控制和支撑关系。由于 ARIS 由多个视图组成，因此在功能视图中，在其基本的功能树结构基础上，可能出现别的视图的元素，如组织单元、文档单元等，通过连线关系表述相应功能单元所涉及的组织和信息。ARIS 功能树可以从相应的 eEPC 图（扩展的事件过程链）自动转化得到。

（2）数据视图

ARIS 数据视图包括多种建模方法，其中最主要的是实体关系模型 ERM（Entity-Relationship Model），包括基本 ER 模型，扩展 ER 模型，并演化出 SAP 的 SERM、IEF（Information Engineering Facility）数据模型、SeDam（Semantic Data Model）数据模型等。数据视图中的实体与组织、资源、功能实体有着紧密的联系。

（3）组织视图

组织视图是 ARIS 体系结构的特点之一，它使用组织框图的方式描述组织单元、组织的分解方式、层次结构、隶属关系等，可以辅助组织框架的设计与描述。在组织视图中，其基本元素除了组织单元外，还包括人员、职位、场所等图元，全面描述企业组织结构的各种信息。但是，ARIS 组织视图在实施描述阶段仅提供建立企业网络拓扑的信息，这与组织建模的目标是有一定差距的。组织视图的元素也常常出现在别的视图中，尤其在控制视图中相关过程建模方法中扮演了重要的角色。

（4）控制视图

控制视图是体现 ARIS 特色的一个视图，它在整个体系结构中起到"粘合剂"的作用，将功能，数据、输出和组织视图联系在一起。ARIS 控制视图由一系列建模方法组成，其中包括将组织和功能视图关联到一起的扩展的事件过程链图（eEPC）、功能/组织图等，将功能与数据关联起来的事件控制——事件驱动过程链图 EPC（Event Control-Event-Driven Process Chains）、功能分配图（Function Allocation Diagram）、信息流图（Information Flow Diagram）、事件图（Event Diagram）等，将组织、功能和数据视图关联起来的拓展的事件过程链/过程链图（eEPC/PCD）、增值链图（Value Added Chain Diagram）、规则图（Rule Diagram）、通信图（Communications Diagram）、分类图（Classification Diagram）等。另外对于面向对象的建模提供了类图（Class Diagram），为了描述过程变量，提供了过程选择矩阵（Process Selection Matrix），为了对物流进行建模，提供了带物流的 eEPC 图和物流图。随着 ARIS 的发展，控制视图中的建模方法还在不断地丰富着。

6.6.2 工业园数字企业的实施项目管理

实施工业园数字企业的生命周期分解为：明确用户需求、可行性论证、初步设计、详细设计、工程实施及系统运行与维护六个阶段。从最高层次上看，建设工业园数字企业，应该是一个全局性的长期战略项目，要订好计划作好项目管理。也正因为它是全局的（大的）、长期的，所以可以从时间、空间上进行分解细化。生命周期的六个阶段就是时间上的分解，便于项目管理中有一个明确的阶段目标和检查验收。在空间上，每个分系统或子系统都应该分别有子项目或课题，在全局规划的指导下订出其本身的开发计划和实施步骤，也应按照项目管理的要求进行检查，保证其取得成功。

1. 明确用户需求

数字企业是信息经济时代、电子商务发展到一定阶段的必然产物，是企业应对新时代竞争的必由之路。建设工业园数字企业的目的是要提高企业的核心竞争能力。这一阶段的具体工作内容和步骤建议如下。

（1）组成工作小组，明确本阶段目标，制订本阶段计划。

本阶段主要是要通过对企业的内外环境的初步调研，结合本企业的长远规划，确定是否要本企业建成某数字工业园的数字企业，主要目标是什么，然后向最高决策层提出一份立项所需的建议书。所以队伍不必很大，时间不必很长。

（2）市场分析和变化趋势分析。

企业需了解：本企业在市场上的地位、所占份额；国内外竞争对手在市场上所占份额；自己的长处和短处；竞争对手的长处和短处。为了在急剧变化的市场需求中争得订单，找出本企业主要应克服的弱点。

（3）明确本企业要发展的具体问题，提出初步的定量目标。

包括生产率指标，三五年内产量应增长多少；质量指标，废品率降低多少；产品的质量如何满足用户不断提高的要求；提前期缩短多少，如何保证交货期；增加生产和装配的柔性，缩短改换一种新产品所需要的设计、准备周期；降低成本百分率；降低库存、降低在制品百分率；降低工程设计成本百分率；提高工程分析能力百分率；提高设备利用率；减少人工百分率；增加产品种类等。根据各企业的具体情况，会有本企业特别侧重的某些指标，但不一定要面面俱到。

（4）确定方针政策，排出开发工作的优先次序。

列出了问题，提出了指标，就要提出一些原则性的解决问题的途径。例如，是引进技术还是自行研制；组织机构、运行体制应做怎样的改革；车间平面布置是否要做重大更改；多项目标的优先次序如何排列；国内外可借鉴的经验和技术主要有哪些；从战略上对开发过程各阶段的规模和速度提出建议等。

（5）编写报告。

这份报告主要是为本企业高层领导明确需求所用，从而做出是否要实施信息化及原则上如何实施的决策，报告内容就是上述用户需求调查分析结果。

2. 可行性论证

本阶段的目的是要明确做出是否要投资信息化项目的决策，其主要任务是要在理解企业战略目标和了解内部外部现实环境的基础上，确定本企业实施信息化的总体目标和主要功能，拟订集成的方案，比较选定实施的技术路线，并从技术、经济和社会条件等方面论证集成方案的可行性，制定投资规划和开发计划，编写可行性论证报告。

工作内容和步骤如下：

（1）组织队伍拟定本阶段计划；

（2）了解并阐述企业的市场环境、战略目标以及其外部条件：在"需求"阶段已经做过的调查的基础上，更清楚地或尽可能定量地将本企业所面临的市场竞争形势阐述清楚；

（3）调查分析内部资源，找出缺陷与瓶颈；

（4）提出建设数字企业的需求，确定项目实施的目标：基于上述对内外条件的分析，就可以找出现有系统与符合企业战略目标期望的新系统（或称扩展或改造后的系统）之间的差别，这就是为改造要提出的需求；

（5）拟订数字企业新系统的集成方案、运行系统的环境要求以及拟采取的技术路线：从技术集成角度而言，数字企业新系统是一个以共享数据库和沟通网络为中心的各个应用分系统之间综合连接的整体。要对总系统和各个分系统的集成提出一套清晰的技术路线，为投资概算和开发计划打下基础；

（6）提出开发过程的关键技术和解决途径：上面提到的基本方案的实现，一定会碰到一些对本企业的具体条件非要不可但又没有现成的成熟技术可以解决的问题，这类"关键"要及早提出，安排给研究单位研究，或由企业组织内外结合的技术小组进行攻关；

（7）明确组织机构改变的相应需求及可能造成的影响；

（8）进行投资概算和初步成本效益分析；

（9）拟订系统开发计划：对系统开发的阶段划分、各阶段人力需求、进度要求、经费安排等，提出具体计划，以适应近几年内服务于总框架的需要；

（10）编写可行性论证报告；

（11）评审：组织企业外的有关信息化技术的专家和领导机关的技术专家对所提出的可行性论证报告进行评审。

可行性论证是决定是否投资的重要步骤，因此必须慎重对待，充分揭露矛盾，反复比较利弊，才能降低风险，提高投资效益。可是，实际生活中的问题是，评审人员一方面是不容易在一两天的评审会期间就找出原论证组的工作人员几个月工作中存在的漏洞，另一方面即使看到了问题，碍于各种人际关系也不会很尖锐地提出来。因此，有些专家提出：在进行可行性论证的同时，应该组织人员进行"不可行性论证"。基本内容与"可行性论证"相对应，目的就在于充分揭露矛盾，防患于未然，在辩论中更充分地考虑到各种可能的困难，使自己真正立于不败之地。

3. 初步设计

初步设计的主要任务是确定数字企业的系统需求、建立目标系统的功能模型、确定信息模型的实体和联系（信息模型建模的初期阶段）、探讨经营过程的合理化问题、提出系统实施的主要技术方案。初步设计是对可行性论证的进一步深化和具体化，在系统需求分析和主要技术方案设计方面，应深入到各子系统，对各子系统内部的功能需求应进一步明确，并产生相应的系统需求说明。

对初步设计阶段的工作应包括下列内容：

（1）接受任务、制订本阶段计划；

（2）系统需求分析：将可行性论证中提出的需求具体化为已经有具体技术实现方案的需求；

（3）系统总体结构设计；

（4）分系统技术方案的确定：根据总体结构分解所得的各个分系统，要提出具体可实现的技术方案；

（5）系统的功能模型及技术性能指标设计；

（6）确定信息模型的实体和联系；

（7）建立过程模型或其他在体系结构中提出的模型；

（8）提出系统集成所需的内部、外部接口要求；

（9）阐明拟采用的开发方法和技术路线：必须保证其可用性、可靠性、可测试性、整体性、柔性（可改变性）、可维护性以及正确响应等特性，技术路线也必须是现实可行的和经济的；

（10）提出关键技术及解决方案：这里首先对是否关键技术要比可行性论证时审定得更清楚了，进而必须提出具体的指标或技术要求，如果要进行招标来攻关，就应能写出标书，如果已明确要委托某个研究单位进行研究攻关，则必然已找到委托对象，明确了具体要求和工作步骤；

（11）确定系统配置：这个"配置"主要指的是物理资源，就是在归纳前述总系统和分系统技术设计的基础上，列出所需物理资源硬软件设备的清单，作为投资预算的基础；

（12）规划数字企业新系统环境下的组织机构；

（13）经费预算："预算"要比可行性论证阶段的"概算"具体细致得多，包括要引进的设备或软件，一定已对几个公司进行过询价；

（14）技术经济效益分析；

（15）确定详细设计任务及实施进度计划；

（16）编制有关设计报告和文档。

4. 详细设计

详细设计的主要任务是对初步设计产生的系统方案进一步完善和具体化，对关键技术组织研究、试验；本阶段的主要工作将在分系统和子系统水平上进行，对软件开发要细化到能够开始编写程序（意即"编程"（coding）属于实施阶段的工作，两者的界线在此），对硬设备要完成所有说明书和图纸工作，对数据库应完成逻辑设计和物理设计，对通讯网络则除了接口、协议，还必须完成管线施工图等等。总之，详细设计要提出子课题实施任务书，其成果是各个分系统开始实施的基本依据。

详细设计阶段的工作，应包含下列内容：

（1）下达详细设计任务书，修订确定详细设计计划；

（2）细化需求分析：通常设计越具体，对于每个子系统、每个模块、每个硬设备或每个接口，都会有更细致的功能、信息、资源、组织等各方面的具体需求，而详细设计就要提出满足这些需求的方案和措施；

（3）细化功能模型：在这一阶段，还应该形成过程的 TO－BE 模型，为面向过程/工作流的系统开发和定制准备过程的参考模板；

（4）信息编码：确定信息编码原则和方法，设计编码结构，选择代码类型，确定代码长度；

（5）软件系统设计：基本要求是本阶段的成果可以供程序员直接开始写程序；

（6）接口设计：包括软件间通讯接口、人机交互屏幕格式、输入输出信息格式、设备接口等各种内部、外部的软件或硬件接口的设计；

（7）数据库设计；

（8）硬件和生产设备设计（自制设备设计、外购设备完成订货）；

（9）并根据供货商提供的材料完成安装环境设计；

（10）企业经营过程重构：确定必须进行重构的过程及组织机构的调整方案；

（11）关键技术的研究和试验：因为关键技术的攻克，往往难于限定时间，所以尽可能早日开始；

（12）系统组织机构的细化设计与改革方法：对于多数企业而言，基本上是生产组织（包括各种车间以及设计和质量控制）和管理组织（指各种职能处室）两套树状结构的组织；

（13）修正投资预算和效益分析：根据各分系统设计工作的最后结果，补充或修订设备、软件及技术引进计划，修正投资预算，修正初步设计的效益分析；

（14）拟定系统实施计划：实施过程一定是由底向上、从小到大地进行的；一方面要明确各种底层设备或软件子系统（或子系统）的实施，另一方面一定要把各部分逐步扩大局部集成的过程和单位间的协调工作订好计划；

（15）编制详细的测试计划、编制详细设计报告和文档。

5. 工程实施

工程实施的主要任务是将详细设计的内容进行物理实现，产生一个可运行的系统。为此要完成应用软件编码、安装、调试；计算机硬件和生产设备的安装调试；完成全局数据库和局部数据库、网络的安装调试；以及组织机构落实和人员定岗等。各项工作最终都要达到可运行的程度，而实施阶段可能会发现很多设计中的错误与漏洞，必须及时修正，其最后衡量标准就是用户接受。

工程实施阶段的工作，应包括下列内容：修订落实工程实施的计划、硬件设备购买或制造、硬件设备（包括计算机和生产设备）的安装、调整、测试及验收、建立试验数据库、调试数据库和进行数据库加载等。

在完成上述任务后，应制定应用软件编程的约定和编制程序。为了能编写出逻辑简明清晰、易读易懂的程序，必须遵照软件工程的规定，对内部文档、数据、语句构造、输入输出等问题进行认真安排。程序联调也是不可缺少的一步，调试方法可以按软件工程规定的自顶向下或自底向上或混合法等方法进行。

6. 系统运行与维护

投入运行后的数字企业系统，为保证其正常高效的运行，需要进行不断的调整和修改，改正在开发阶段产生而在测试阶段未发现的错误为使系统适应外界环境的变化、实现功能的扩充和性能的改善所做的修改；对系统的运行效果进行评价。

6.7 工业园数字企业的评价

6.7.1 评价指标体系设计原则

工业园数字企业评价指标体系设计遵循以下原则。

1. 目的性

数字企业信息化指标体系的设计，从"以信息化带动工业化"的战略任务出发，旨在引导数字企业信息化建立在有效益、务实、统筹规划的基础上。指标体系为了解企业信息化应用情况和进行相关决策服务，为企业提高信息化水平服务，从领导、战略、应用、效益、人力资源、信息安全等多个方面，引导数字园区数字企业信息化健康发展。

2. 简约性

尽量选取较少的指标反映较全面的情况，为此，所选指标要具有一定的综合性，指标之间的逻辑关联要强。

3. 可操作性

所选取的指标应该尽量与企业现有数据衔接，必要的新指标应定义明确，便于数据采集。

4. 可延续性

所设计的指标体系不仅可在时间上延续，而且可以在内容上拓展。

6.7.2 数字企业评价基本指标

基本指标适用于工业园数字企业信息化状况的客观描述，主要用于社会统计调查和政府监测。企业自测时，可有助于了解自身信息化基本状况，进行初步的横向行为对比分析；基本指标不独立用于对企业信息化水平的全面评价和认证，得分不向社会公示。数字企业评价基本指标基本上可分为以下几个方面。

1. 信息化在企业中所占地位

信息化重视度反映着企业对信息化的重视程度和信息化战略落实情况。因此，它可以作为数字企业评价的首要的基本指标，我们可以从企业信息化工作最高领导者的地位，首席信息官（CIO）职位的级别设置和信息化规划及预算的制定情况来进行量化。

2. 基础建设情况

信息化基础设施的建设情况是数字企业评价的重要指标，它可以通过信息化投入总额占固定资产投资比重（%）来进行衡量。

3. 应用状况

（1）信息采集的信息化手段覆盖率（%），反映企业有效获取外部信息的能力；

（2）企业在网络应用基础上办公自动化应用程度；

（3）信息技术对重大决策的支持水平，是否有数据分析处理系统、方案优选系统、人工智能专家系统等；

（4）核心业务流程信息化水平、深广度，主要业务流程的覆盖面及质量水平；是否实现跨部门流程、跨企业供应链管理；实现电子商务的程度；

（5）企业门户网站建设水平，服务对象覆盖的范围，可提供的服务内容，网络营销应用率（%）反映企业经营信息化水平、网上采购率和网上销售率等；

（6）信息资源的管理与利用状况。

4. 人力资源

（1）企业实现信息化的总体人力资源条件，即大专学历以上的员工占员工总数的比例；

（2）人力资源的信息化应用能力，即掌握专业 IT 应用技术的员工的比例，非专业 IT 人员的信息化培训覆盖率。

6.7.3　企业数字化等级标准

企业数字化等级，通常我们可按以下五级标准来进行评定：

1 级：基本实现数字化，企业内部日常办公业务系统、门户网站，面向客户、员工、供应商提供单向信息资料库；

2 级：业务流程自动化、网上在线交互、提供电子化互动信息资料库；

3 级：电子交易、买卖和支付；

4 级：实现企业联盟供应链管理、电子商务系统；

5 级：实现虚拟企业，企业作为一个微观经济单位，通过网络在市场运作，彼此分享数据和服务，实现协同商务和零库存管理。

6.8　工业园数字企业的推荐标准和规范

6.8.1　ISO/TC184 的工作及其标准

ISO/TC184 技术委员会由国际标准化组织 ISO 于 1983 年 12 月设立。TC184 名为工业自动化系统与集成，从事信息技术、机器和装置及通信的工业自动化系统和集成的标准化工作，下设四个分技术委员会（简称分委会 SC），它们分别是：SC1（物理设备控制）、SC2（工业机器人）、SC4（工业数据）、SC5（体系结构和通信）。ISO 在工业自动化系统与集成领域已发布的国际标准见下表。

ISO 在工业自动化系统与集成领域已发布的国际标准

序号	国际编号	内　　容
1	ISO11161：1994	工业自动化系统——集成制造系统的安全基本要求
		（一）SC1 物理设备控制（数控）
1	ISO841：2001	工业自动化系统与集成——机床数字控制——坐标系统和运动命名
2	ISO2806：1994	工业自动化系统与集成——机床数字控制——词汇
3	ISO2972：1979	机床数字控制——符号
4	ISO3592：2000	工业自动化系统与集成——机床数字控制——NC 处理程序输出逻辑结构
5	ISO4342：1985	机床数字控制——NC 处理程序输入基本零件源程序参考语言

续表

序号	国际编号	内　　容
6	ISO4343：2000	工业自动化系统与集成——机床数字控制——NC 处理程序输出——后置处理指令
7	ISO6983 − 1：1982	机床数字控制——程序格式和地址字定义——第1部分：地点、直线运动和轮廓运动系统的数据格式
（二）SC2 工业机器人		
1	ISO8373：1994	操作型工业机器人——词汇
2	ISO9283：1998	操作型工业机器人——性能规范及相关测试方法
3	ISO9409 − 2：1996	操作型工业机器人——机械接口——第2部分：轴型（A 型）
4	ISO9409 − 1：1996	操作型工业机器人——机械接口——第1部分：圆型（A 型）
5	ISO9787：1999	操作型工业机器人——坐标系和运动命名
6	ISO9946：1999	操作型工业机器人——特性表示
7	ISO10218：1992	操作型工业机器人——安全
8	ISO11593：1996	操作型工业机器人——末端执行器自动更换系统——词汇和特性表示
9	ISO14539：2000	操作型工业机器人——物料搬运和夹爪型夹持器——词汇和特性表示
10	ISO15187：2000	操作型工业机器人——机器人编程和操作用的图形用户接口（GUI − R）
（三）SC4 工业数据		
1	ISO10303 − 1：1994	工业自动化系统与集成—产品数据表达和交换（STEP）—第1部分：综述与基本原理
2	ISO10303 − 11：1994	工业自动化系统与集成—STEP—第11部分：EXPRESS 语言参考手册
3	ISO10303 − 21：2002	工业自动化系统与集成—STEP—第21部分：实现方法：产品交换结构正文编码
4	ISO10303 − 22：1998	工业自动化系统与集成—STEP—第22部分：实现方法：标准数据访问接口
5	ISO10303 − 23：2000	工业自动化系统与集成—STEP—第23部分：实现方法：C＋＋语言与标准数据访问接口联编
6	ISO10303 − 24：2001	工业自动化系统与集成—STEP—第24部分：实现方法：C 语言与标准数据访问接口联编
7	ISO10303 − 31：1994	工业自动化系统与集成—STEP—第31部分：一致性测试方法和结构框架：基本概念
8	ISO10303 − 32：1998	工业自动化系统与集成—STEP—第32部分：一致性测试方法和结构框架：测试实验室和客户要求
9	ISO10303 − 34：2001	工业自动化系统与集成—STEP—第34部分：一致性测试方法和结构框架：应用协议实现用抽象试验方法

序号	国际编号	内　容
10	ISO10303 – 41：1994	工业自动化系统与集成—STEP—第 41 部分：集成通用资源：产品描述和支持的基本原理
11	ISO10303 – 41：2000	工业自动化系统与集成—STEP—第 41 部分：集成通用资源：产品描述和支持的基本原理
12	ISO10303 – 42：1994	工业自动化系统与集成—STEP—第 42 部分：集成通用资源：几何和拓扑表达
13	ISO10303 – 42：2000	工业自动化系统与集成—STEP—第 42 部分：集成通用资源：几何和拓扑表达
14	ISO10303 – 43：1994	工业自动化系统与集成—STEP—第 43 部分：集成通用资源：结构表达
15	ISO10303 – 43：2000	工业自动化系统与集成—STEP—第 43 部分：集成通用资源：结构表达
16	ISO10303 – 44：1994	工业自动化系统与集成—STEP—第 44 部分：集成通用资源：产品结构配置
17	ISO10303 – 44：2000	工业自动化系统与集成—STEP—第 44 部分：集成通用资源：产品结构配置
18	ISO10303 – 45：1998	工业自动化系统与集成—STEP—第 45 部分：集成通用资源：材料
19	ISO10303 – 46：1994	工业自动化系统与集成—STEP—第 46 部分：集成通用资源：可视化表达
20	ISO10303 – 47：1997	工业自动化系统与集成—STEP—第 47 部分：集成通用资源：形变公差
21	ISO10303 – 49：1998	工业自动化系统与集成—STEP—第 49 部分：集成通用资源：工艺结构和特性
22	ISO10303 – 50：2002	工业自动化系统与集成—STEP—第 50 部分：集成通用资源：数学结构
23	ISO10303 – 101：1994	工业自动化系统与集成—STEP—第 101 部分：应用集成资源：绘图
24	ISO10303 – 104：2000	工业自动化系统与集成—STEP—第 104 部分：集成应用资源：有限元分析
25	ISO10303 – 105：1996	工业自动化系统与集成—STEP—第 105 部分：集成应用资源：运动学
26	ISO10303 – 201：1994	工业自动化系统与集成—STEP—第 201 部分：应用协议：显示绘图
27	ISO10303 – 202：1996	工业自动化系统与集成—STEP—第 202 部分：应用协议：相关绘图
28	ISO10303 – 203：1994	工业自动化系统与集成—STEP—第 203 部分：应用协议：配置管理设计
29	ISO10303 – 207：1999	工业自动化系统与集成—STEP—第 207 部分：应用协议：钣金模具规划与设计
30	ISO10303 – 209：2001	工业自动化系统与集成—STEP—第 209 部分：应用协议：复合材料与金属结构分析与相关设计
31	ISO10303 – 210：2001	工业自动化系统与集成—STEP—第 210 部分：应用协议：电子装配、互联和包装设计

序号	国际编号	内　容
32	ISO10303 – 212：2001	工业自动化系统与集成—STEP—第 212 部分：应用协议：电子设计与安装
33	ISO10303 – 214：2001	工业自动化系统与集成—STEP—第 214 部分：应用协议：自动机械设计过程的核心数据
34	ISO10303 – 224：2001	工业自动化系统与集成—STEP—第 224 部分：应用协议：加工特性进行程序调度的机械产品的定义
35	ISO10303 – 225：1999	工业自动化系统与集成—STEP—第 225 部分：应用协议：用外在形状元素表示的建筑元素
36	ISO10303 – 227：2001	工业自动化系统与集成—STEP—第 227 部分：应用协议：工厂空间配置
37	ISO10303 – 501：2000	工业自动化系统与集成—STEP—第 501 部分：应用解释构造：基于边的线框
38	ISO10303 – 502：2000	工业自动化系统与集成—STEP—第 502 部分：应用解释构造：基于壳的线框
39	ISO10303 – 503：2000	工业自动化系统与集成—STEP—第 503 部分：应用解释构造：几何边界 2D 线框
40	ISO10303 – 504：2000	工业自动化系统与集成—STEP—第 504 部分：应用解释构造：绘图标注
41	ISO10303 – 505：2000	工业自动化系统与集成—STEP—第 505 部分：应用解释构造：绘图结构和尺寸
42	ISO10303 – 506：2000	工业自动化系统与集成—STEP—第 506 部分：应用解释构造：绘图元素
43	ISO10303 – 507：2001	工业自动化系统与集成—STEP—第 507 部分：应用解释构造：几何边界曲面
44	ISO10303 – 508：2001	工业自动化系统与集成—STEP—第 508 部分：应用解释构造：非组合曲面
45	ISO10303 – 509：2001	工业自动化系统与集成—STEP—第 509 部分：应用解释构造：组合曲面
46	ISO10303 – 510：2000	工业自动化系统与集成—STEP—第 510 部分：应用解释构造：几何边界线框
47	ISO10303 – 511：2001	工业自动化系统与集成—STEP—第 511 部分：应用解释构造：拓扑边界表面
48	ISO10303 – 512：1999	工业自动化系统与集成—STEP—第 512 部分：应用解释构造：表面边界表达
49	ISO10303 – 513：2000	工业自动化系统与集成—STEP—第 513 部分：应用解释构造：基本边界表达
50	ISO10303 – 514：1999	工业自动化系统与集成—STEP—第 514 部分：应用解释构造：高级边界表达

续表

序号	国际编号	内 容
51	ISO10303 – 515：2000	工业自动化系统与集成—STEP—第 515 部分：应用解释构造：构造实体几何
52	ISO10303 – 517：2000	工业自动化系统与集成—STEP—第 517 部分：应用解释构造：机械设计几何表达
53	ISO10303 – 519：2000	工业自动化系统与集成—STEP—第 519 部分：应用解释构造：几何公差
54	ISO10303 – 520：1999	工业自动化系统与集成—STEP—第 520 部分：应用解释构造：相关绘图元素
55	ISO13584 – 1：2001	工业自动化系统与集成—零件库—第 1 部分：综述和基本原理
56	ISO13584 – 20：1998	工业自动化系统与集成—零件库—第 20 部分：逻辑资源：逻辑模型表达
57	ISO13584 – 26：2000	工业自动化系统与集成—零件库—第 26 部分：逻辑资源：供应商标识
58	ISO13584 – 31：1999	工业自动化系统与集成—零件库—第 31 部分：实现资源：几何编程接口
59	ISO13584 – 42：1998	工业自动化系统与集成—零件库—第 42 部分：描述方法：结构化零件族方法学
		（四）SC5 体系结构和通信
1	ISO9506 – 1：2000	工业自动化系统—制造报文规范—第 1 部分：服务定义
2	ISO9506 – 2：2000	工业自动化系统—制造报文规范—第 2 部分：协议规范
3	ISO13281 – 1：1997	工业自动化系统—制造自动化编程环境（MAPLE）—第 1 部分：功能体系结构
4	ISO13281 – 2：2000	工业自动化系统—制造自动化编程环境（MAPLE）—第 2 部分：服务和接口
5	ISO/ISP14226 – 1：1996	工业自动化系统—国际标准专规 AMM11：MMS 一般应用基础专规—第 1 部分：用于 MMS 的 ACSE，表示层和会话层协议规范
6	ISO/ISP14226 – 2：1996	工业自动化系统—国际标准专规 AMM11：MMS 一般应用基础专规—第 2 部分：通用 MMS 要求
7	ISO/ISP14226 – 3：1996	工业自动化系统—国际标准专规 AMM11：MMS 一般应用基础专规—第 3 部分：专用 MMS 要求
8	ISO14258：1998	工业自动化系统—企业模型的概念与规则
9	ISO15704：2000	工业自动化系统—企业参考体系结构与方法论的需求
10	ISO15745 – 1 – 2003	工业自动化系统与集成—开放系统应用集成框架—第 1 部分：通用参考描述
11	ISO16100 – 1：2002	工业自动化系统与集成—制造软件互操作能力专规—第 1 部分：互操作性框架
12	ISO16100 – 2：2003	工业自动化系统与集成—制造软件互操作能力专规—第 2 部分：专规方法论

6.8.2 NIIIP 标准

NIIIP 是国家工业信息基础设施协议，它是依赖 OMG 的 CORBA 对象中间件协议、WfMC 的工作流规范、ISO 的 STEP 标准以及 Internet 标准通信协议建立虚拟企业的技术标准，NIIIP 已成为 Internet 商务神经系统的组织基础。

NIIIP 尽量采用已有的工业标准，它的初始目的是作为实现敏捷制造的一种使能技术，它主要由 4 部分组成，见图 6.11。由 Internet（HTTP，TCP/IP）实现通信连接；由对象管理组（Object Management Group，OMG）的公共对象请求代理体系结构（Common Object Request Broker Architecture，CORBA）实现应用之间的互操作；以 ISO-STEP 标准实现信息共享；以工作平台方式进行过程和活动管理。

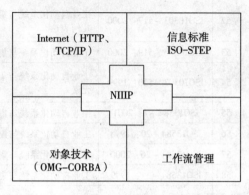

图 6.11　NIIIP 标准

NIIIP 把虚拟企业（目前尚未出现）定义为独立成员公司之间为开发快速变化的全球产品制造机会而成立的暂时联盟，它通常是以某一个产品为中心。虚拟企业将以成本效益和产品的独特性为基础集合在一起，而不考虑组织的大小、地理位置、计算环境、技术配置或实施过程等因素。虚拟企业分担成本，分享能够共同使他们进入全球市场的技术和核心能力。

6.8.3 863/CIMS 应用示范工程规范

863/CIMS 应用示范工程规范是由国家 863/CIMS 主题专家组制定的，其目的是为了规范和指导我国企业实施 CIMS 应用示范工程的过程，确保 CIMS 应用示范工程得以顺利进行。CIMS 应用示范工程涉及企业领导决策、经营管理、人员组织和多种有关技术，是一项复杂的综合性工程。为了使全国范围内的 CIMS 应用示范工程顺利进行，863/CIMS 主题在总结过去 CIMS 应用工厂试点工作经验的基础上，为适应新的需求，提出并制定了《CIMS 应用示范工程规范》。该规范是 CIMS 应用工程标准的一部分，是从立项到验收过程管理的规范。

6.8.4 863/CIMS 标准、规范及约定

1. 目的和适应范围

我国 CIMS 应用工厂的工程设计及 CIMS 产品预研和产品开发，对 CIMS 标准化提出了非常迫切的需要，但是目前我国有关标准还不配套，而制定这些尚缺的标准需要一个过程；此外，CIMS 正处于初建和迅速发展阶段，急需在总体技术

上明确方向，提出要求，以保证系统内或系统间的接口、互连与集成能顺利完成，因此，从 CIMS 的整体性出发，编写了本指南，使其在 CIMS 标准经方面起指导作用，以减少无标准可依可能造成的损失。本指南适用于 863/CIMS 应用工程和产品开发。对于各种计算机辅助系统和应用计算机技术的技术改造项目，本指南也有参考价值。

2. 主要内容

指南的主要内容主要包括：概述、术语、863/CIMS 标准化工作与标准体系表、CIMS 体系结构——CIM-OSA 参考结构框架、863/CIMS 计算机通信网络、CIMS 的数据管理、管理信息系统、产品数据交换标准、计算机图形、电子数据交换（EDI）、CIMS 应用中的质量保证、制造环境、CIMS 信息分类编码、系统开发项目管理、CIMS 工程综合评价指南、基本计算机系统、IDEF 方法的应用、863/CIMS 应用工程开发和现有应用工程规范汇编等。

6.8.5 门户 Portlet JSR168 国际标准

在过去的几年中，门户已成为强大的综合信息交换所。随着门户数量的不断增加、范围和影响的不断扩大，Portlet 的重要性也随之增加。Portlet 通常是由容器管理的 Web 组件，用于处理请求和生成动态内容。门户使用 Portlet 作为可插入的用户接口组件，为信息系统提供表示层。

在 JCP（Java Community Process）支持下制定的 JSR 168 能够满足内容汇集、个性化、表示和安全性等方面的需求。它定义了 Portlet 容器的功能和可用于与用户特定的 Portlet 代码进行交互的标准接口。它还提供了一个 URL 重写机制，用于创建 Portlet 容器内的用户交互。另外，该标准还定义了高效处理 Portlet 安全性和个性化特性的方式。

6.8.6 门户 WSRP 标准

在一个门户网站，您可以建立单点登录，或者对信息、应用程序、流程和人的访问进行个人化设置和控制。您可以从像数据库、交易系统、内容提供者或者远程 Web 站点等各种数据源获取信息。例如，您可以在您所在的组织提供的门户网站上为您的文章和书创建一个书架，同时把有关已发布的工作的信息存储在数据库中。

远程门户网站 Web 服务（WSRP）是用于 XML 和 Web 服务的标准，它允许把交互式、人性化的 Web 服务插入门户网站，同时带来的混乱又最小。大家可以通过标准方式发布、查找和绑定这些服务。在 WSRP 出现以前，供应商经常编写专门的适配器来适应不同接口和协议，并将应用程序集成到单个门户网站中，这样就产生了一种使开发者感到很混乱的环境。2002 年 1 月，结构化信息标准促进组织（Organization for the Advancement of Structured Information Standards，OA-SIS）成立了 WSRP 技术委员会（WSRP Technical Committee），力求为这些供应商标准化适配器。

同月，OASIS 还成立了 Web 服务组件模型技术委员会（Web Services Compo-nent Model Technical Committee）；该委员会的目标是创建一个标准组件模型，开发者可以按这个模型把可视表示和门户网站组件组合在一起。2002 年 5 月，OA-SIS 为更好地描述其工作目标将这个小组改名为 Web 服务交互式应用程序技术委员会（Web Services for Interactive Applications Technical Committee，WSIA TC）。改名后的委员会将其关注重点从应用程序外观拓宽到应用程序的完整交互式、人性化体验。2002 年 9 月 30 日，WSIA 和 WSRP 技术委员会联合发表了 WSIA-WSRP核心规范，工作草案 0.7。这份文档提出了一个标准适配器，供应商可以用这个适配器来混合、匹配和重用不同来源的人性化交互式 Web 服务应用程序。

6.8.7　数据交换接口标准

企业与企业之间的数据传输格式遵循当前国际流行的 XML 格式标准。

数据交换中间件节点端（总部或分子公司）与各应用系统之间的适配器遵循 EAI Adapter 开发框架规范，实现数据的抽取与接收。

结　束　语

　　本数字工业园实施细则除了上述六章内容外，应该还要包括工业园数字物流系统的开发与运行、工业园循环经济系统的开发与运营两章。考虑到篇幅有限，决定以后陆续编制。